JN222030

Rustで学ぶ WebAssembly

入門からコンポーネントモデルによる開発まで

清水智公［著］

技術評論社

はじめに

『Rustで学ぶWebAssembly入門』を手に取っていただきありがとうございます。この本は、Rustを使って記述したプログラムを通して、WebAssemblyコンポーネントに触れることで、WebAssemblyに関して大まかな理解を得ることを目的にしています。簡単に言えば、Rustを使ってWebAssemblyを作ったり、動かしたりしながら、WebAssemblyについてなんとなくわかった感じになっていただくための本です。

バイトコードの仕様や処理系の作り方といった話題には触れません。それらについては、今のところ良い本がないように思います。一方でWebAssemblyの処理系を試作された方は大勢いらっしゃいます。試作された方の多くは知見をWeb上に公開されていらっしゃいますので、それらを参照されるほうが良いでしょう。また本書でも利用するWasmtimeを筆頭に、さまざまな処理系のソースコードが公開されています。これらも参考になると思います。

さてこの本で扱うテーマは、次の3つです。

- Rustで書いたプログラムから、どうWebAssemblyを作るのか
- WebAssemblyを、どうRustのプログラムに組み込むのか
- 作成したWebAssemblyをどう使い回すのか

1つめのテーマは本書のタイトルから想像されるものだと思います。自分で書いたRustのプログラムをWebAssemblyにするための方法についてお伝えします。Rustにはバイナリークレートとライブラリークレートがありますが、WebAssemblyにも同様の区分があります。つまり、コマンドとしてコマンドラインインターフェース（CLI）から実行できるWebAssemblyコンポーネントと、他のプログラムに組み込んで利用するWebAssemblyコンポーネントです。この2つの作り方について説明します。

他のプログラムに組み込んで利用するWebAssemblyコンポーネントをどのようにRustのプログラムに組み込むかが、2つめのテーマです。本書では`wasmtime`クレートを利用して、WebAssemblyコンポーネントが提供する機能をRustのプログラムから利用します。鍵となるのがインターフェース定義と、コード生成です。この2つを利用して、効率的にWebAssemblyコンポーネントをRustのプログラムに組み込みます。

せっかく作ったWebAssemblyコンポーネントですから、なるべく多くの場面で利用したいと思うのが人情かと思います。その思いにできるだけ応えるのが3つめのテーマです。より具体的には、次の2つを扱います。

- パッケージレジストリーの利用
- コンテナーイメージの作成

`crates.io`に登録されたクレートを利用したプログラムを作成することは、よく行われていると思います。`crates.io`と同様のパッケージレジストリーがWebAssemblyにも存在します。そのレジストリーへ作成したWebAssemblyコンポーネントをパッケージとして登録する方法や、登録されたパッケージの利用方法について説明します。

WebAssemblyとして作成されたアプリケーションはDockerのようなコンテナープラットフォームで実行できます。実行するためにはコンテナーイメージを作成します。作成したコンテナーイメージはDockerを使って実行できるほか、対応したクラウドサービス上に配置して実行できます。またDocker Hubのようなコンテナーイメージを配布するためのレジストリーもあります。こちらに登録することで活用がしやすくなります。

本書を通じてWebAssemblyを作ったり使ったりしながら、WebAssemblyとそれを取り巻くエコシステムについて上記3つの視点から大まかな感覚をつかんでいただければ幸いです。

本書の構成について

「はじめに」と「おわりに」を除くと、本書は次の8章で構成されています。

- 第1章：プログラミング言語Rustの準備
- 第2章：WebAssemblyとは
- 第3章：RustによるWebAssembly作成入門
- 第4章：他のプログラムから利用されるWasmコンポーネント
- 第5章：依存関係の解決と合成
- 第6章：コマンドラインインターフェースアプリケーションの開発
- 第7章：サーバーアプリケーションの開発
- 第8章：Wasmコンポーネントとコンテナーランタイム

第1章ではまず、本書を読み進めるうえで必要な部分に絞ってRustの導入を行います。プログラミングに関する基本的な概念、たとえば変数やライブラリー、ビルドといった概念についての知識をすでにお持ちの方が対象です。Rustについての網羅的な入門講座や詳しい解説、プログラミングそのものに関する入門や導入が必要な方は、該当する入門書や専門書を参照してください。

第２章ではWebAssemblyについて概観します。この章はWebAssemblyそのものについて概観します。WebAssemblyを説明するうえで必要な用語を定義するとともに、Rustから見たWebAssemblyの位置付けについても述べます。構成の関係で手を動かす章の前に配置していますので、手を早く動かしたいという方はスキップされても良いでしょう。

以降は手を動かしながら、WebAssemblyについて学びます。

- 第３章：RustによるWebAssembly作成入門
- 第４章：他のプログラムから利用されるWasmコンポーネント
- 第５章：依存関係の解決と合成

これらは入門編で、次の３章は少し実践的な内容となるかと思います。

- 第６章：コマンドラインインターフェースアプリケーションの開発
- 第７章：サーバーアプリケーションの開発
- 第８章：Wasmコンポーネントとコンテナーランタイム

各章の間に強い依存関係はありません。**図0.1**の矢印に従って読んでいただければ、すべての章を読み通せるように思います。

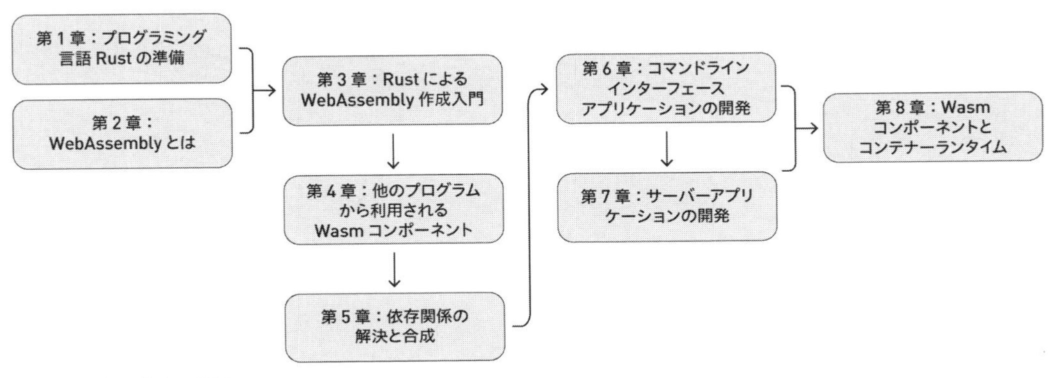

図0.1　読み進める順序

必要な部分のみを読んでいただいても良いでしょう。たとえばRustに関する知識と経験を持っている方には第１章の内容は不要でしょう。また、RustでWebAssemblyを作成し、利用する方法のみに興味がある場合には、コンテナーランタイムの章は不要かもしれません（**図0.2**）。

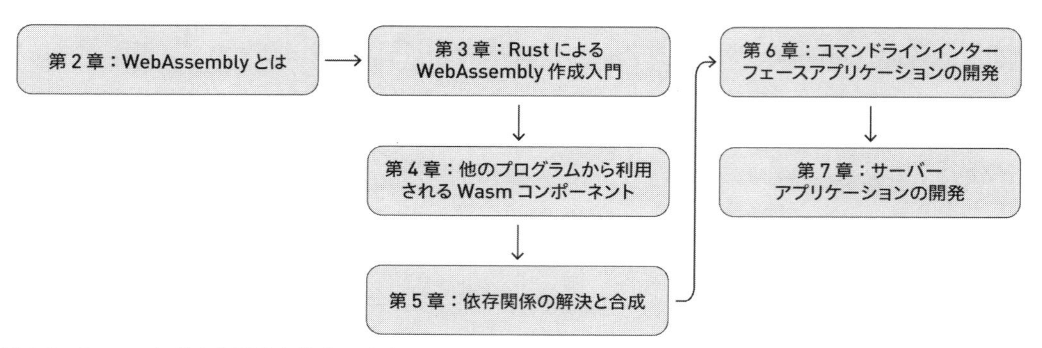

図0.2　Rustの知識と経験をお持ちの方向けのパス

もし手を動かしながらWebAssemblyについての感覚を得るだけで良いならば、次のようなコースもあるでしょう。RustによるWebAssembly作成の基本に触れる第3章を読んだあと、CLIアプリを作成することでもう少し実践的な内容に触れます。最後にWebAssemblyについておさらいする、というようなコースです（**図0.3**）。おさらい部分は人によってはスキップしても良いかもしれません。

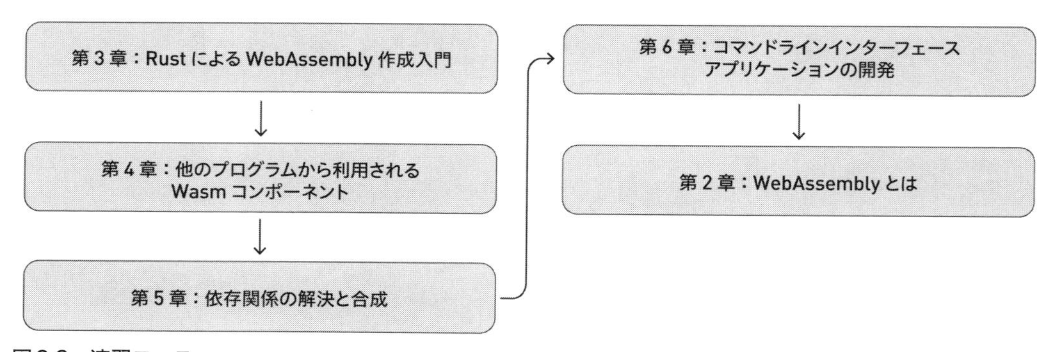

図0.3　速習コース

Wasmという用語について

本書ではWebAssemblyを省略してWasmと呼びます。たとえば次のように利用します。

- WebAssembly：Wasm
- WebAssemblyコンポーネント：Wasmコンポーネント
- Webassemblyファイル：Wasmファイル

なお、Wasmは広く利用されている略称です。「ワズム」と発音されることが多いようです。

開発環境について

Rustの開発にはコンパイラーやパッケージ管理ツールなどの開発ツールと、ソースコードを記述するエディターもしくは統合開発環境（IDE）が必要です。ここではそれぞれのインストール方法を説明します。開発ツールのインストールには、コマンドを実行するターミナルが必要になります。

Rustの開発環境を用意するための準備

本書の内容にはRustの開発ツールが必須です。開発ツールのインストールにはビルドを含むものがあるため、開発ツールをビルドするためのツールが必要です。必要なツールはプラットフォームによって異なります。macOS、Windows、Linux（Ubuntu）での必要なツールを次に挙げます。

- macOS：Command Line Tool for Xcode
- Windows：Microsoft C++ Build Tools
- Linux（Ubuntu）：build-essentials

・macOSの場合

次の手順でCommand Line Tool for Xcodeをインストールします。

1. App Storeを起動し、Xcodeをインストールします
2. ターミナルを起動します
3. 次のようにxcode-selectコマンドを実行します

```
$ xcode-select --install
```

・Windowsの場合

公式サイト[注0.1]から、インストーラーをダウンロードできます。なお、Microsoft Visual Studioがインストールされている場合は、Microsoft C++ Build Toolsのインストールは不要です。

・Linux（Ubuntu）の場合

build-essentialをインストールすることで、必要なツールがインストールできます。インストールには`apt install`コマンドを実行します。

```
$ sudo apt install build-essential
```

インストールには管理者権限が必要です。上記の例では`sudo`コマンドから実行することで、管理者権限でインストールを行っています。

○Rustの開発環境

`rustc`と`cargo`の2つのコマンドがインストールされていれば、Rustでの開発を始められます。それぞれの役割をまとめると、**表0.1**のようになります。

表0.1　Rust開発に必要なツール

ツール	役割	説明
rustc	コンパイラー	Rustのソースコードをコンパイルするツール
cargo	タスクランナー	コンパイルを含む、さまざまなタスクを実行するツール

この2つのツールをインストールする方法は、開発を行う環境によって異なります。具体的には、開発をWindows上で行う場合と、macOSやLinuxで行う場合とで異なります。

注0.1　https://visualstudio.microsoft.com/ja/visual-cpp-build-tools/

Windowsの場合は提供されているインストーラーを実行してインストールするのに対し、macOSやLinuxの場合は`rustup`というコマンドをインストールし、そのコマンドを利用してインストールを行います。

`rustup`はRustのツールチェーンを管理するツールです。macOSやLinuxの標準環境には含まれませんので、まずは`rustup`のインストールを行います。rustupはインストール時に、インストールされた環境に合ったツールチェーンも一緒にインストールします。インストールには、コマンドを実行するターミナルが必要です。ターミナルを起動し、以下のコマンドを実行します。これは`curl`コマンドを使ってインストール用のスクリプトをダウンロードし、実行します。

```
$ curl --proto '=https' --tlsv1.2 -sSf https://sh.rustup.rs | sh
```

実行すると次のようなメッセージが表示されます。

```
info: downloading installer

Welcome to Rust!

This will download and install the official compiler for the Rust
programming language, and its package manager, Cargo.
```

そのあと、設定ファイルやインストールするフォルダーに関する情報が表示されます。まとめると**表0.2**のようになります。

表0.2　Rustに関するパス

項目	パス
rustupのホームディレクトリ	~/.rustup
Cargoのホームディレクトリ	~/.cargo
コマンドのインストール先	~/.cargo/bin
ツールチェーン向けの設定が追加されるファイル	~/.profileなど

また、次のようなインストールするツールチェーンの設定に関するダイアログが表示されます。2を選ぶと設定を変更できますが、ここでは1を選択して標準の構成でインストールします。

```
Current installation options:


   default host triple: aarch64-apple-darwin
     default toolchain: stable (default)
               profile: default
  modify PATH variable: yes

1) Proceed with installation (default)
2) Customize installation
3) Cancel installation
```

しばらく待つと次のようなメッセージが表示されます。

```
Rust is installed now. Great!

To get started you may need to restart your current shell.
This would reload your PATH environment variable to include
Cargo's bin directory ($HOME/.cargo/bin).

To configure your current shell, run:
source "$HOME/.cargo/env"
```

次にシェルの設定を行います。環境変数PATHに`$HOME/.cargo/bin`を追加します。次の例は、zsh向けの設定を行っています。

```
$ export PATH=$PATH:$HOME/.cargo/bin
```

新しいシェルを起動するか、設定ファイルを読み込むことで、rustupがインストールしたツールチェーンを利用できるようになります。次のようにrustcのバージョン番号が表示されれば、インストールは成功です。

```
$ rustc --version
rustc 1.79.0 (129f3b996 2024-06-10)
```

● Rust開発環境へのビルドターゲットの追加

Rustプロジェクトをビルドして Wasm を作成するために、Rustの開発環境に２つのビルドターゲットを追加します。

- wasm32-unknown-unknown
- wasm32-wasip1

前者はシステムインターフェースを定めないWasmファイルのビルドに必要で、後者はWebAssembly System Interface（WASI）の利用を仮定したWasmファイルのビルドのために必要です。ビルドターゲットの追加は`rustup`コマンドを利用します。

```
# wasm32-unknown-unknownをビルドターゲットに追加
$ rustup target add wasm32-unknown-unknown
info: downloading component 'rust-std' for 'wasm32-unknown-unknown'
info: installing component 'rust-std' for 'wasm32-unknown-unknown'
 18.1 MiB /  18.1 MiB (100 %)  16.0 MiB/s in  1s ETA:  0s

# wasm32-wasip1をビルドターゲットに追加
$ rustup target add wasm32-wasip1
info: downloading component 'rust-std' for 'wasm32-wasip1'
info: installing component 'rust-std' for 'wasm32-wasip1'
 18.1 MiB /  18.1 MiB (100 %)  16.0 MiB/s in  1s ETA:  0s
```

エディターもしくはIDEについて

ツールチェーンをインストールしたあとは、エディター、もしくは統合開発環境（IDE）といったソースコードを書くためのツールをインストールします。本書で扱う内容は、特定のIDEやエディターに依存しません。手に馴染んだツールをお持ちの場合は、そちらをご利用ください。

もしエディターやIDEに対して好みがない場合は、Visual Studio Code（以下、VS Codeと呼びます）を利用されてはいかがでしょうか。Rust以外にも、さまざまなプログラミング言語や環境を広くカバーしています。VS Codeのインストール方法は、公式サイト[注0.2]をご覧ください。

VS Code本体に加えて次のプラグインをインストールすると、本書に扱う技術的な内容を十分カバーできます。どちらもVS Codeのマーケットプレイスからインストールできます。

- rust-analyzer
- WIT IDL

注0.2　https://azure.microsoft.com/ja-jp/products/visual-studio-code

rust-analyzerはRustでのプログラミングを助けるツールです。コード補完やコードの整形、シンタックスハイライト、そしてドキュメントのオーバーレイ表示といった機能を持っています。利用には前述した`rustup`が必要になります。

WebAssembly Interface Type（WIT）と呼ばれるインターフェース定義言語を使用する際に有用なのが、WIT IDLです。このプラグインを使うことで、WITのシンタックスハイライトとコード補完を行います。WITには_が使えないなど、関数名や変数名で利用できる文字に制約があります。シンタックスハイライトは使用できない種類の文字を使ったことに起因するエラーを、ビルドする前に発見できます。

○ WebAssemblyに向けた開発ツールのインストール

Rustの開発環境に加えて、**表0.3**のツールを利用します。

表0.3　WebAssembly開発に必要なツール

ツール	役割
cargo-component	Wasmコンポーネントのビルドに利用します
wasm-tools	Wasmコンポーネントの操作に利用します
Wasmtime	Wasmコンポーネントの実行に利用します
warg-cli	パッケージレジストリーの操作に利用します
wit	WITパッケージの管理に利用します
wac-cli	Wasmコンポーネントの合成に利用します
Spin	サーバーサイドアプリの開発に利用します

これらについては必要な場面で都度、ツールのインストール方法を解説します。

目次

第2章 WebAssemblyとは 39

第3章 RustによるWebAssembly作成入門 63

第4章 他のプログラムから利用されるWasmコンポーネント 81

第5章 依存関係の解決と合成 107

第8章 Wasmコンポーネントとコンテナーランタイム 209

第1章

プログラミング言語 Rustの準備

この章では以降の章で利用するプログラミング言語Rustの文法について概観します。Rustに関してある程度の知識をお持ちの方は、この章をスキップされても良いかもしれません。より具体的には次の内容について述べます。

1. Hello, world!
2. 変数と基本的なデータ型
3. 制御構造
4. 関数

Rustの詳しい内容については、専門の入門書などを参照されると良いでしょう。

1.1 Hello, world!

Rustによるプロジェクト開発は、パッケージの作成から始まります。cargo newコマンドでパッケージを作成します。次の例ではhello-rustという名前のパッケージを作成しています。

```
$ cargo new hello-rust
     Created binary (application) `hello-rust` package
```

cargo newコマンドはテンプレートに従って、パッケージを作成します。標準ではアプリケーションを作成するためのテンプレートを利用します。アプリケーション向けテンプレートを使って作成されたパッケージは、次のようなフォルダー構成となっています。

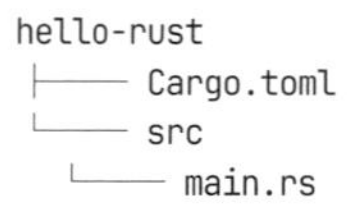

```
hello-rust
├──── Cargo.toml
└──── src
  └──── main.rs
```

アプリケーションテンプレートとして、Cargo.tomlとsrc/main.rsの2つのファイルを作成します。それぞれの役割は**表1.1**のとおりとなっています。プログラムはsrcフォルダ内のファイルに記述します。サードパーティーライブラリーを利用する場合は、Cargo.tomlに利用するライブラリーを記述します。

表1.1　Rustのアプリケーションテンプレート

ファイル	役割
Cargo.toml	パッケージのマニフェスト。パッケージのビルドに関する設定や、パッケージ名などのメタデータ、パッケージが依存するライブラリーなどを記述
src/main.rs	作成するアプリケーションのソースコード

cargo runコマンドで、パッケージをビルドし、アプリケーションとして実行します。今回はアプリケーション向けのテンプレートを利用してパッケージを作成しているため、パッケージ作成直後であってもビルドし、実行できます。次の例はパッケージ作成直後に、cargo runコマンドを実行した例です。

```
$ cd hello-rust
$ cargo run
   Compiling hello-rust v0.1.0
    Finished dev [unoptimized + debuginfo] target(s) in 9.23s
     Running `target/debug/hello-rust`
Hello, world!
```

作成直後のsrc/main.rsは、次のようにmain()関数を定義しています。

```
fn main() {
    println!("Hello, world!");
}
```

main()関数は、Rustのコマンドラインアプリケーション（以下CLIアプリ）のエントリーポイントで、コンパイルして生成された実行可能ファイルを実行すると、main()関数の定義に従って処理が行われます。上記の例では、println!というマクロを利用して、Hello, world!という文字列を標準出力に出力します。

このプログラムを次のように変更します。

```
fn main() {
    println!("Hello, Wasm!");
}
```

変更後、cargo runコマンドを実行すると、Hello, Wasm!と標準出力に出力されます。出力される文字列が変更されています。

1.1.1 変数と束縛

Rustではletキーワードを使って変数名を宣言し、=演算子を使って右辺の値と左辺の変数とを関連付けます。次の例では、Hello, Wasm!という文字列とmessageという変数とを関連付けています。また次の行では変数に関連付けられた値を文字列の{}の部分に埋め込み、その結果を標準出力に出力しています。

```
fn main() {
    let message = "Hello, Wasm!";
    println!("変数messageに束縛された値は、{}", message);
}
```

=演算子を使った変数と値の関連付けのことを、Rustでは束縛と呼びます。println!("{}", message)のように変数名を書くことで、束縛された値を参照できます。

変数は標準で変更不能（immutable）です。つまり、一度束縛された値を変更することはできません。次のようなmessageの値を変更しようとするコードをビルドすると、コンパイルエラーが発生します。

```
fn main() {
    let message = "Hello, Wasm!";
    println!("変数messageに束縛された値は、{}", message);

    message = "Hello from Rust";
    println!("変数messageに束縛された値は、{}", message);
}
```

発生したエラーメッセージは次のようになっています。

```
error[E0384]: cannot assign twice to immutable variable `message`
 --> src/main.rs:5:5
  |
2 |     let message = "Hello, Wasm!";
  |         -------
  |         |
  |         first assignment to `message`
  |         help: consider making this binding mutable: `mut message`
...
5 |     message = "Hello from Rust";
  |     ^^^^^^^^^^^^^^^^^^^^^^^^^^^ cannot assign twice to immutable variable

For more information about this error, try `rustc --explain E0384`.
```

2行目でmessageに値が束縛されたあと、5行目でその値を変更しようとしているためエラーが発生していることが説明されています。

ビルドエラー時に表示されるメッセージには、エラーの修正方法に関するヒントがいくつか含まれている場合があります。上記の例では次の2つのヒントが示されています。前者はmessageを変更可能（mutable）な変数として宣言することを提案しています。エラーの直接的な修正方法の提示です。

- help: consider making this binding mutable: ‘mut message‘
- For more information about this error, try ‘rustc –explain E0384‘.

後者はエラーそのもののより詳しい解説への案内となっています。メッセージにあるとおりrustcに--explain E0384オプションを付けて実行すると、次のような解説が表示されます。

```
An immutable variable was reassigned.

Erroneous code example:

fn main() {
    let x = 3;
    x = 5; // error, reassignment of immutable variable
}

By default, variables in Rust are immutable. To fix this error, add the keyword mut
after the keyword let when declaring the variable. For example:

fn main() {
    let mut x = 3;
    x = 5;
}
```

explainオプションの値であるE0384はエラーの種類を表すエラーコードです。"Rust error codes index"[注1.1]にRustのエラーコード一覧が公開されています。こちらのサイトでも下記の説明を読むことができます。

上記の説明にあるとおり、束縛された値を変更するためには変数宣言時にmutというキーワードを付ける必要があります。これをふまえて上記のエラーが出たコードは、次のように修正できます。

```
fn main() {
    let mut message = "Hello, Wasm!";
    println!("変数messageに束縛された値は、{}", message);

    message = "Hello from Rust";
    println!("変数messageに束縛された値は、{}", message);
}
```

上記のプログラムを実行すると、次のようにmessageの値が変化していることが確認できます。

```
変数messageに束縛された値は、Hello, Wasm!
変数messageに束縛された値は、Hello from Rust
```

注1.1 https://doc.rust-lang.org/error_codes/error-index.html

1.1.2 関数定義と呼び出し

Rustではfnというキーワードで関数を定義します。Rustの関数定義には関数名、パラメーターのリスト、返り値の型、関数本体の4つが必要です。次の例では、パラメーターがなく、u32型の値を返す関数greetingsを定義しています。

```
fn greetings() -> u32 {
  println!("Hello, world");
  0
}
```

中括弧（{と}）に囲まれた部分がgreetingsの本体となります。なおRustでは、関数名や変数名にはスネークケースを用いるのが一般的です。

関数名のあとに(と)で囲まれた引数を書くことで、定義した関数を呼び出せます。上記のgreetings()関数を呼び出す例は次のようになります。この関数はパラメーターがないので、greetings()と書くことで呼び出せます。

```
fn main() {
    let mut message = "Hello, Wasm!";
    println!("変数messageに束縛された値は、{}", message);

    message = "Hello from Rust";
    println!("変数messageに束縛された値は、{}", message);

    greetings();
}

fn greetings() -> u32 {
    println!("Hello, world");
    0
}
```

関数呼び出しは、関数本体を上から順番に実行します。最後に実行した式の評価値が返り値となります。上記の例では0がgreetings()関数の返り値となります。なお0のあとにセミコロン（;）がついていないことに注意してください。セミコロンを付けると、0のあとに空文が入っていると解釈されます。その結果、返り値が関数のシグネチャーと異なってしまい、ビルドエラーとなります。

Rustにはビルド時に束縛される値のデータ型を推論する機能があります。そのため、変数に束縛する値のデータ型を明記する必要はあまりありません。関数のパラメーターや、データ変換後の値を束縛するといった場合にデータ型を明示することもあります。変数名とデータ型とを:でつないで記述することで、変数のデータ型を明示できます。次の例では、valueの型をu32であると明示しています。

```
let value: u32 = 5;
```

1.1.3 プリミティブなデータ型

上記のgreetings()関数はu32を返す関数として定義されています。このようにRustはところどころで扱う値の型を明示する必要があります。Rustはプリミティブなデータ型を組み合わせて、複雑なデータを表現します。利用できるプリミティブ型は**表1.2**にあるとおりです。

表1.2 Rustのプリミティブなデータ型

値の種類	データ型	値の例
符号付き整数	i8、i16、i32、i64、i128、isize	0、1、-1
符号なし整数	u8、u16、u32、u64、u128、usize	0、1、8
浮動小数点	f32、f64	3.14159、-1.4141356
文字	char	'a'、'😊'、'字'
真偽値	bool	true、false
ユニット	()	()

各型の名前に含まれる数字はデータサイズを表します。i8は8ビット、u128は128ビット、f64は64ビットのサイズを持ちます。またcharはユニコードの1文字を保存するためのデータ型で、データサイズは4バイトとなっています。

ユニットはとくに意味を持たない値を意味するデータ型で、おもに返り値を持たない関数の返り値を表現するために使われます。前述のgreetings()関数の返り値の型をユニット型に変更した例は次のようになります。

```
fn greetings() -> () {
    println!("Hello, world");
}
```

ユニット型を返す関数の返り値の型の記述は省略できます。下記の例は、上記の例と同じ意味を持ちます。

```
fn greetings() {
    println!("Hello, world");
}
```

1.1.4 構造体

前述したとおり、プリミティブなデータ型を組み合わせて複雑な構造を持つデータを表現できます。構造体は複雑な構造を表す手段の1つで、structキーワードを使って定義します。次の例は典型的なstructキーワードの使用例で、counterという属性を持つHelloWorld構造体を定義しています。なお、構造体の名前にはキャメルケースを用いることが一般的です。

```
struct HelloWorld {
  counter: u32,
}
```

属性を持たない構造体を定義することもできます。そのような構造体のことを、ユニット構造体と呼びます。

```
struct ExampleOfUnitStruct;
```

次のように各属性に対して初期値を設定することで、構造体のインスタンスを作成できます。

```
let hello_world = HelloWorld {
    counter: 0
}
```

属性と同じ名前の変数で初期値を設定する場合は、次のように属性名を省略できます。

```
let counter = 0;
let hello_world = HelloWorld {
    counter
}
```

次のように構造体を返す関数も定義できます。

```
fn new_hello_world(counter: u32) -> HelloWorld {
    HelloWorld{ counter }
}
```

変数名に.を付けて属性名を書くことで、構造体の属性値を参照できます。次の例ではHelloWorldオブジェクトの属性counterの値を参照しています。

```
let hello_world = new_hello_world(0);
println!("counterの値は、{}", helloworld.counter);
```

1.1.5 所有権と参照

次のように、HelloWorldのインスタンス（以下、HelloWorldオブジェクトと呼びます）をパラメーターとする関数があったとします。

```
struct HelloWorld {
    counter: u32,
}

fn say(hello_world: HelloWorld) {
    println!("カウンターの値は{}", hello_world.counter);
}

fn new_hello_world(counter: u32) -> HelloWorld {
    HelloWorld{ counter }
}
```

そして、同じHelloWorldオブジェクトを引数に指定して、say()関数を２度呼び出すコードがあったとしましょう。

```
fn main() {
    let hello_world = new_hello_world(0);
    say(hello_world);
    say(hello_world);
}
```

このコードは次のようなビルドエラーを発生させます。

```
   |
10 |     let hello_world = HelloWorld { counter: 0 };
   |         ----------- move occurs because `hello_world` has type `HelloWorld`, which does not implement
the `Copy` trait
11 |     say(hello_world);
   |         ----------- value moved here
12 |     say(hello_world);
   |         ^^^^^^^^^^^ value used here after move
   |
note: consider changing this parameter type in function `say` to borrow instead if owning the value isn't
necessary
  --> src/main.rs:5:21
   |
5  | fn say(hello_world: HelloWorld) {
   |    ---              ^^^^^^^^^^ this parameter takes ownership of the value
   |    |
   |    in this function

For more information about this error, try `rustc --explain E0382`.
```

同様のエラーは、次のようなコードでも発生します。これらのエラーは、Rustの特徴である「所有権」に起因します。

```
let owner = new_hello_world(0);
let another_owner = owner;
println!("counter = {}", into_u32(owner));
```

Rustの変数は束縛した値を所有しているとみなされます。そしてその値の所有権は、他の変数に束縛されることで移動します。上記の例の場合、1行目の処理が終了した時点で変数ownerがHelloWorldオブジェクトの所有者でした。ところが次の行で、HelloWorldオブジェクトの所有者が変数another_ownerに変わります。所有者の変更自体は問題なく終わりますが、3行目でビルドエラーが発生します。

HelloWorldオブジェクトの所有権を失ったownerは、3行目の時点では何の値も束縛していません。つまり変数名から値を参照しようとしても、参照する値が存在しない状態になっています。参照する値が存在しないにもかかわらず、値を参照しようとしているためビルドエラーが発生します。

代入による所有者の変更、つまりその値の所有権の移動は関数呼び出しによっても発生します。**リスト1.1**では、main()関数の2行目で、HelloWorldオブジェクトの所有権はownerからsay()関数の第1引数であるhello_worldに移動しています。

リスト 1.1　所有権のエラーが発生するコード

```
fn main() {
    let owner = new_hello_world(0);
    say(owner);
    say(owner);
}

fn say(hello_world: HelloWorld) {
    println!("カウンターの値は{}", hello_world.counter);
}

fn new_hello_world(counter: u32) -> HelloWorld {
    HelloWorld{ counter }
}
```

say()関数の呼び出しに関するビルドエラーには、次の3つの方針のいずれかで対処できます。

- 方針1：HelloWorldオブジェクトをコピーし、コピーされたオブジェクトを引数にsay()関数を呼び出す
- 方針2：引数に指定されたHelloWorldオブジェクトも結果とともに返すように、say()関数の返り値の型を変更する
- 方針3：HelloWorldオブジェクトの参照をパラメーターとするように、say()関数のパラメーターの型を変更する

方針1はCopyトレイトをHelloWorldに実装することで実現できます。トレイトと、その実装については後述します。

方針2は**リスト 1.2**のように、引数に指定されたHelloWorldオブジェクトを返り値として返します。main()関数では、返り値を変数に束縛することで、同じオブジェクトをパラメーターにsay()関数を呼び出せます。

リスト 1.2　リスト 1.1を方針2で修正

```
fn main() {
    let owner = new_hello_world(0)
    let owner = say(owner);
    say(owner);
}

fn say(hello_world: HelloWorld) -> HelloWorld {
    println!("カウンターの値は{}", hello_world.counter);
// hello_worldが所有するオブジェクトを返り値として返します
```

```
    hello_world
}

fn new_hello_world(counter: u32) -> HelloWorld {
    HelloWorld{ counter }
}
```

なお**リスト 1.2**では、同じ名前を使って別の変数を作成しています。

main()関数の1行目で宣言されたownerと2行目で宣言されたownerは、名前は同じでも別の変数となっています。

3つめの方針に従った実装を解説する前に、借用という概念を説明します。変数に何かを代入する場合の多くは、値への一時的なアクセスを目的にしています。一時的なアクセスに所有権の移動は不要です。つまり必要なときに値にアクセスできることができれば十分で、むしろ所有権の移動はしてほしくありません。関数呼び出しはその典型例でしょう。関数が呼ばれたときにだけ引数に指定された値にアクセスできれば十分で、呼び出し元が引き続き値を所有し続けてほしいという場合も多いでしょう。このような一時的なアクセスをRustでは借用（borrowing）と呼ばれる仕組みで実現しています。値への参照をやりとりすることで、所有権を移動することなく参照を受け取った側は一時的に値へアクセスできます。

借用を利用して関数を呼び出すには、まず値への参照を作成します。下記の例では、main()関数の2行目の右辺に&hello_worldという式があります。この式を評価すると、変数hello_worldの束縛するHelloWorldオブジェクトへの参照が作成されます。この参照を束縛することで、変数borrowerから間接的に、変数hello_worldが所有するHelloWorldオブジェクトを参照できます。

```
fn main() {
  let owner = new_hello_world(0);
  let borrower = &hello_world;

  println!("貸し出した先でもカウンターの値は参照できます：{}", borrower.counter);
  println!("ownerのカウンターの値は、{}", owner.counter);
}

fn new_hello_world(counter: u32) -> HelloWorld {
    HelloWorld{ counter }
}
```

この式を評価すると、変数hello_worldの束縛するHelloWorldオブジェクトへの参照が作成されます。この参照を束縛することで、変数borrowerから間接的に、変数hello_worldが所有するHelloWorldオブジェクトを参照できます。

上記の例にあるように、参照している値がオブジェクトだった場合、.を使ってそのオブジェクトの属性値を参照できます。

値を借用するようにsay()関数を書き換えた例は、次のようになります。

```
fn say(hello_world: &HelloWorld) {
    println!("カウンターの値は{}", hello_world.counter);
}
```

パラメーターをhello_world: &HelloWorldのように記述することで、そのhello_worldというパラメーターにはHelloWorldオブジェクトへの参照が設定される、という意味になります。

上記のように変更したsay()関数を呼び出す例は、**リスト 1.3**のようになります。

リスト 1.3　リスト 1.1を方針３で修正

```
fn main() {
    let owner = new_hello_world(0);
    say(&owner);
    say(&owner);

    let borrower = &owner;
    say(borrower);
}

fn say(hello_world: &HelloWorld) {
    println!("カウンターの値は{}", hello_world.counter);
}

fn new_hello_world(counter: u32) -> HelloWorld {
    HelloWorld{ counter }
}
```

main()関数の2行目と3行目では、変数onwerの所有する値への参照を作成し、その参照を引数に指定してsay()関数を呼び出しています。6行目での呼び出しには&を付けて参照を作成していません。これはborrowerがHelloWorldオブジェクトへの参照を束縛しているためです。

1.1.6 変更可能な参照

上記のプログラムにcountupという関数を追加します（**リスト 1.4**）。この関数はパラメーターとして受け取ったHelloWorldオブジェクトのcounter属性の値を1つ増やします。パラメーター名の前にmutがついているのは、パラメーターの属性値を変更できるようにするためです。

リスト 1.4　リスト 1.3にcountup関数を追加

```
fn main() {
    let owner = new_hello_world(0);
    say(&owner);
    let owner = countup(owner);
    say(&owner);
}

struct HelloWorld {
    counter: u32,
}

fn say(hello_world: &HelloWorld) {
    println!("カウンターの値は{}", hello_world.counter);
}

fn countup(mut hello_world: HelloWorld) -> HelloWorld {
    hello_world.counter += 1;
    hello_world
}

fn new_hello_world(counter: u32) -> HelloWorld {
    HelloWorld{ counter }
}
```

リスト 1.4の実行結果は、次のようになります。

```
カウンターの値は0
カウンターの値は1
```

countup()関数も、say()関数のように参照をパラメーターとして受け取るように書き直せます。型を&mut HelloWorldと変更することで、パラメーターhello_worldはHelloWorld型の変更可能な参照を受け取ることになります。

```
fn countup(hello_world: &mut HelloWorld) {
    hello_world.counter += 1;
}
```

リスト 1.5では、変更したcountup()関数を呼び出しています。

リスト 1.5 countup関数の呼び出しを追加

```
fn main() {
    let mut owner = new_hello_world(0);
    say(&owner);
    countup(&mut owner);
    say(&owner);
}

struct HelloWorld {
    counter: u32,
}

fn say(hello_world: &HelloWorld) {
    println!("カウンターの値は{}", hello_world.counter);
}

fn countup(hello_world: &mut HelloWorld) {
    hello_world.counter += 1;
}

fn new_hello_world(counter: u32) -> HelloWorld {
    HelloWorld{ counter }
}
```

変数ownerの所有する値への変更可能な参照は&mut ownerで取得できます。main()関数の3行目では、取得した変更可能な参照を引数に指定してcountup()関数を呼び出しています。なお変更可能な参照を取得するには、値を所有する変数も変更可能なものとして宣言されている必要があります。そのため変数ownerは変更可能な変数となっています。

変更可能な参照には次の2つの制約があります。これはどちらも不具合発生、とくに並列実行時の不具合発生のリスクを下げるための制約です。

1. 1つの値に対して、2つ以上の変更可能な参照を作成できません
2. 変更可能な参照が指す値に対して参照が作成された場合、値の変更を行えません

たとえば、次のようにmain()関数の2行目でownerの所有する値への変更可能な参照を作成し、3行目で同じ値に対する参照を作成したとします。5行目で変更可能な参照mutable_referenceを使ってownerの所有する値を変更しようとするとビルドエラーが発生します。これは2つめの制約に違反しているためです。

```
fn main() {
    let mut owner = new_hello_world(0);
    let mutable_reference = &mut owner;
    let reference = &owner;
    say(reference);
    countup(mutable_reference);
    say(&owner);
}
```

1.1.7 関連関数とメソッド

これまでの内容で、**リスト1.6**のような`HelloWorld`型に関連する4つの関数を定義しました。

リスト1.6　これまでに作った関数

```
struct HelloWorld {
    counter: u32,
}

fn into_u32(hello_world: HelloWorld) -> u32 {
    hello_world.counter
}

fn say(hello_world: &HelloWorld) {
    println!("カウンターの値は{}", hello_world.counter);
}

fn countup(hello_world: &mut HelloWorld) {
    hello_world.counter += 1;
}

fn new_hello_world(counter: u32) -> HelloWorld {
    HelloWorld{ counter }
}
```

これらを取りまとめて、コードを読みやすく、そして扱いやすくするために、関連関数とメソッドを定義します。

Rustでは、特定の型にひもづけて関数を定義できます。ユースケースは、次の2つのいずれかになります。

- 関連関数：特定の型に対して関数を定義する場合

● メソッド：関数を特定のインスタンスにひもづけて呼び出したい場合

オブジェクトを作成する関数を関連関数として定義するというのが、前者のよくあるユースケースとなります。次の例ではnew_hello_world()関数を変更して、HelloWorldオブジェクトを作成する関数newを関連関数として定義しています。

```
struct HelloWorld {
    counter: u32,
}

impl HelloWorld {
    fn new(counter: u32) -> HelloWorld {
        HelloWorld { counter }
    }
}
```

implは、データ型に機能を追加する際に利用されるキーワードです。上記のように、implに続いて型名を書き、そのあとにブロックが続く場合、ブロック内に定義された関数は関連関数、もしくはメソッドになります。

次のスニペットは、上記で定義した関連関数newを呼び出している例になります。newはHelloWorldの関連関数として定義されています。HelloWorld::newのように型名と関数名を::でつなぐことで、その型に関連した関数を呼び出せます。

```
fn main() {
    let hello_world = HelloWorld::new(2);
    println!("hello_world.counterの値は、{}", hello_world.counter);
}
```

上記のnew()関数は、次のように書き換えることもできます。返り値の型をSelfに変更しています。Selfとは関数が関連している型を指します。この場合はHelloWorldを指します。

```
impl HelloWorld {
    fn new(counter: u32) -> Self {
        HelloWorld { counter }
    }
}
```

残りの3つの関数はいずれもパラメーターとして与えられたHelloWorldオブジェクトを操作します（**表1.3**）。この3関数をメソッドとして取りまとめます。

表1.3 メソッドにまとめる関数

関数	役割	引数に指定した値の所有権が移動するか	引数に指定された値を変更するか
into_u32	u32の値に変換する	移動する	変更しない
say	counter属性の値を標準出力に出力する	移動しない	変更しない
countup	counter属性の値を増やす	移動しない	変更する

メソッドも関連関数と同様にipmlキーワードを使って定義します。関連関数と異なるのは、メソッドの第1引数は**表1.4**のいずれかになるという点です。

表1.4 Rustのメソッドが取る第1引数

第1引数	利用する場合
self	self: Selfの省略記法で、selfはメソッドが呼ばれたオブジェクト自身を束縛する
&self	self: &Selfの省略記法で、selfはメソッドが呼ばれたオブジェクトへの参照を束縛する
&mut self	self: &mut Selfの省略記法で、selfはメソッドが呼ばれたオブジェクトへの変更可能な参照を束縛する

それぞれの関数の所有権の取り扱いと変更可能性を考慮すると、作成するメソッドの第1引数は**表1.5**のようになるかと思います。

表1.5 作成するメソッドの第1引数

関数	第1引数	所有権	値を変更するか
into_u32	self	移動する	変更しない
say	&self	移動しない	変更しない
countup	&mut self	移動しない	変更する

以上をふまえて実装したメソッドは**リスト1.7**のようになります。

リスト1.7 HelloWorldに実装したメソッド

```
struct HelloWorld {
    counter: u32,
}
```

```
impl HelloWorld {
    fn new(counter: u32) -> Self {
        HelloWorld { counter }
    }

    fn into_u32(self) -> u32 {
        self.counter
    }

    fn say(&self) {
        println!("Hello world（{}回目）", self.counter);
    }

    fn countup(&mut self) {
        self.counter = self.counter + 1;
    }

}
```

定義した関連関数とメソッドを利用した例は、次のようになります。メソッドは属性と同じく、変数名とメソッド名を.でつなげて書くことで呼び出せます。

```
fn main() {
    let mut owner = HelloWorld::new(0); // 変更前はlet mut owner = new_hello_world(0);
    owner.say(); // 変更前はsay(&owner);
    owner.countup(); // 変更前はcountup(&mut owner);

    let counter = owner.into_u32(); // 変更前はlet counter = into_u32(owner);
    println!("カウンターの値は{}", counter);
}
```

メソッドの中で自身のメソッドを呼ぶこともできます。状態を変更するメソッドを呼ぶメソッドは、第1引数がselfもしくは&mut selfである必要があります。次の例ではcountupメソッドと、sayメソッドを呼ぶメソッドgreetを定義しています。

```
// 構造体の定義を省略します
impl HelloWorld {
    // 他のメソッドや関連関数の定義は省略します

    fn greet(&mut self) {
        self.countup();
        self.say();
    }
}
```

1.1.8 トレイト：Rustにおけるインターフェース定義

インターフェースの定義はプログラムの設計にとって重要な要素の1つです。比較的大きなプログラムをより扱いやすい小さいパーツに分割するような場合には、それぞれのパーツが提供する関数やメソッドのセットをインターフェースという形で定めることが多いように思います。Rustではトレイト（trait）と呼ばれる形式でインターフェースを定めます。

定義したインターフェースの標準実装を持つことができる点が、トレイトとJavaなどのインターフェースとの違いです。標準の実装を利用することで、マクロを使って構造体にトレイトを実装できます。次の例はHelloWorld構造体に、デバッグ出力を可能にするDebugトレイトを実装しています。println!マクロに指定された書式の中にある{?}の形式のプレースホルダーは、対応する値を実装したDebugトレイトが定める、fmtメソッドを実行した結果が埋め込まれます。下記の例ではHelloWorldに実装されたDebugマクロ標準のfmtメソッドの実行結果が利用されます。

```
#[derive(Debug)]
struct HelloWorld {
    counter: u32
}
// メソッド定義や関連関数の定義は省略します
fn main() {
    let hello_world = HelloWorld::new(0);
    println!("デバッグ出力：{?}", hello_world);
}
```

上記の#[derive(Debug)]の部分が、マクロによるDebugトレイトの実装を指示しています。Rustでは#[]の形式で、ソースコードの部分に対してメタデータを付与できます。付与されたメタデータはコンパイル時に参照されます。上記の例ではHelloWorld構造体に対してderive属性を付与しています。derive属性にはトレイトの名前を引数に指定します。コンパイル時にderiveマクロが実行され、derive属性が付与された構造体へ引数に指定されたトレイトの標準実装が追加されます。

トレイトは標準の実装を使わず、自分で実装することもできます。またトレイトにはそもそも標準の実装がないものもあります。そのようなトレイトは自分で実装する必要があります。**リスト1.8**はデータ変換を行うIntoトレイトをHelloWorldに実装します。

リスト 1.8　Intoトレイト（u32）をHelloWorldに実装

```
#[derive(Debug)]
struct HelloWorld {
    counter: u32
}

impl Into<u32> for HelloWorld {
    fn into(self) -> u32 {
        self.into_u32()
    }
}
// メソッド定義や関連関数の定義は省略します

fn main() {
    let hello_world = HelloWorld::new(10);
    let converted_value: u32 = hello_world.into();
    println!("変換後の値は{}", converted_value);
}
```

main()関数では、実装したintoメソッドを使ってHelloWorldオブジェクトをu32に変換しています。

トレイトの実装にもimplキーワードを利用します。implキーワードと実装する構造体の名前の間に**トレイト名 for**が入る点が、メソッド定義や関連関数の定義と異なります。

上記の例でIntoというトレイト名のあとに<u32>という記述があります。これはジェネリクスと呼ばれるものです。Intoトレイトは、トレイトを実装したデータ型を別のデータ型に変換するためのインターフェースを定義します。つまりIntoトレイトを実装する場合には、変換先のデータ型も指定する必要があります。Intoトレイトは変換後のデータ型をパラメーターとして受け取ります。<と>の間に書かれたu32は変換後のデータ型を表します。u64への変換機能を追加する場合は、**リスト 1.9**のようにIntoトレイトの実装を追加します。

リスト 1.9　Intoトレイト（u64）をHelloWorldに実装

```
#[derive(Debug)]
struct HelloWorld {
    counter: u32
}

impl Into<u32> for HelloWorld {
    fn into(self) -> u32 {
        self.into_u32()
    }
}

impl Into<u64> for HelloWorld {
    fn into(self) -> u64 {
```

```
        self.into_u32() as u64
    }
}

// 以降を省略します
```

上記に登場するas u64は型変換を明示的に行うキャストを意味します。上記の場合は、into_u32メソッドの返り値をu64にキャストしています。

1.2 エラーハンドリング

この節では、1.1.4節で作成したHelloWorld構造体と文字列との相互変換をテーマに、RustのエラーハンドリングについてN解説します。まずRustでの文字列の扱いについて説明したあと、HelloWorldオブジェクトから文字列の変換、そして文字列からHelloWorldオブジェクトの復元について述べます。文字列からの復元の部分には、失敗する可能性がある処理が含まれます。失敗する可能性がある処理を2つのパターンに分け、それぞれのハンドリング方法について解説します。

1.2.1 文字列に関する2つの型

Rustには文字列を扱う2つの型があります。

- String型
- &str型

Rustでの文字はUTF-8でエンコードされています。String型はUTF-8として解釈できることが保証されたバイト列です。ヒープ上に保存されており、文字の追加や削除による長さの変更も可能です。

一方&str型は文字列の部分を表す型です。&str型のデータはString型に変換できます。次の例では&str型からString型への変換と、String型データの操作を行っています。なお文字列リテラルが&str型なのは、文字列リテラルは読み取り専用のメモリー領域に保存されている文字列データの部分として扱われるためです。

```
fn main() {
    let hello = "Hello"; // これは&str型のデータです
    let world = String::from("world"); // Stirng型のデータです
    let comma: char = ',';
    let exclamation_mark: char = '!';
    let world_in_str = world.as_str(); // 変数worldの束縛する値全体を指す&str型のデータです

    let mut message = hello.to_string(); // messageはString型です
    message.push(comma);
    message.push_str(world_in_str);
    message.push(exclamation_mark);

    println!("{}", hello); // "Hello"と出力されます
    println!("{}", world); // "World"と出力されます
    println!("{}", message); // "Hello, World"と出力されます
}
```

文字列を構造体の属性とすることもできます。**リスト 1.10**ではHelloWorld構造体にString型の属性を追加しています。

リスト 1.10 HelloWorld構造体にString型の属性を追加

```
#[derive(Debug)]
struct HelloWorld{
    counter: u32,
    message: String
}

impl HelloWorld {
    // new関数とsayメソッドについてのみ記述します
    // 他のメソッドや関連関数は省略します

    fn new(counter: u32, message: String) -> HelloWorld{
        HelloWorld{ counter, message }
    }

    fn say(&self) {
        println!("{} ({}回目)", self.message, self.counter);
    }
}

// トレイトの実装は省略します
```

併せて関連関数のnew()関数と、sayメソッドも変更しています。

1.2.2 HelloWorldオブジェクトから文字列への変換

ファイルなどに保存できるように、HelloWorldオブジェクトを文字列に変換するメソッドを追加します。変換後の文字列の形式は、counter属性の値とmessage属性の値とを1つのタブ文字（'\t'）で繋いだものとします。たとえばcounter属性の値が10で、mesasge属性の値がHello, worldの場合は次のようになります。

```
10  Hello, world
```

上述した変換をserializeメソッドとして実装します。**リスト 1.11**はserializeメソッドの実装例です。

リスト 1.11　HelloWoorldにserializeメソッドを実装

```
#[derive(Debug)]
struct HelloWorld{
    counter: u32,
    message: String
}

impl HelloWorld {
    // 他のメソッド、関連関数の定義は省略します
    fn serialize(self) -> String {
        format!("{}\t{}", self.counter, self.message)
    }
}
// トレイトの実装なども省略します
```

実装例で利用されているforomat!は、1つめのパラメーターに指定された書式からStringオブジェクトを作成するマクロです。println!マクロと同じく、書式中の{}はプレースホルダーを表し、関連するパラメーターの評価値が埋め込まれます。下記の例では1つめのプレースホルダーにself.counterの値が埋め込まれ、2つめのプレースホルダーにself.messageの値が埋め込まれます。

上記の変換処理をInto<String>トレイトを実装する形で実装しても良かったのですが、より用途が想像しやすいserializeメソッドとして実装しました。

1.2.3 文字列からHelloWorldオブジェクトの復元

serializeメソッドを実装して、HelloWorldオブジェクトを文字列に変換できるようになり

ました。今度は逆の変換を実装します。つまりserializeメソッドを実行して得られる文字列から、HelloWorldオブジェクトを復元する関連関数deserializeを実装します。deserilalize()関数は次のような手順で変換を行うものとします。

1. 文字列の先頭からタブ文字を探します
2. 見つかった場所で、文字列を分割します
3. タブ文字より前の部分を、u32型の整数に変換します
4. 変換されたu32型のデータと、タブ文字よりあとの部分からHelloWorldオブジェクトを作成します

この手順の中には、失敗する可能性がある処理が含まれます。たとえば、文字列の中にタブ文字がない場合ステップ1は失敗します。またステップ3は、helloのような文字列がタブ文字より前にあった場合に数値への変換が失敗します。例として挙げた2つの失敗は、**表1.6**のようにパターン化できます。

表1.6　エラーのパターン

パターン	説明	例
パターン1	処理そのものは成功するが、結果に値が存在しない場合がある	文字列の中からタブ文字のある位置を探そうとしたが、タブ文字が存在しなかった場合
パターン2	処理そのものが失敗する場合がある	整数値として解釈できない文字列を、整数として解釈しようとした場合

Rustでは、処理が失敗したとしても呼び出された関数は値を返します。このためRustは処理の成否を表すデータ型を組み込みで提供しています。パターン1の成否を表すデータ型としてOption型があり、パターン2の処理の成否はResult型の値として表現されます。

Option型とResult型は、どちらも要素を列挙して型を定義する列挙型と呼ばれるデータ型となっています。たとえばOption型の値はNoneとSomeの2つであるとされています。

```
pub enum Option<T> {
    None,
    Some(T),
}
```

Noneは値が存在しないことを表し、Someは値が存在することを表します。Someは存在した値そのものも持っています。ジェネリクスを使って、さまざまな型の値を持てるようになって

います。
　一方、Result型は次のように定義されています。

```
pub enum Result<T, E> {
    Ok(T),
    Err(E),
}
```

　OKは成功を表す値で、Errは失敗を表す値です。Okは処理に成功して得られた値を保持します。一方Errは、エラーの原因や種類を表す値を持ちます。

1.2.4 Option型のエラーハンドリング

　Stringオブジェクトには、指定された文字の最初の位置を返すfindメソッドがあります。このメソッドはOption型の値を返します。次の例はタブ文字の位置を探しています。

```
let input = format!("10\tHello, world");
let find_resutl = input.find('\t');
```

　文字列にタブ文字が含まれる場合とそうでない場合とで処理を分岐させる必要があります。さまざまな方針があるかとは思いますが、ここでは次のように実装します。

```
let input = format!("10\tHello, world");
let find_result = input.find('\t');

let index = if find_result.is_some() {
    find_result.unwrap()
}else{
    0
}
```

　is_someメソッドを呼ぶことで、Option型の値がSomeであるかどうかを調べられます。Someの場合、is_someメソッドはtrueを返します。このメソッドを利用して、文字列にタブ文字が含まれる場合とそうでない場合との処理を分けています。
　処理の分岐にはif式を利用しています。他のプログラミング言語ではif文とされていることも多いのですが、Rustでは最後に評価した値がif式の値となります。上記の例の場合では、find_result.unwrap()の評価値、もしくは0がif式の評価値となります。

Someに対してunwrapメソッドを呼ぶことで、Someが保持する値を取得できます。上記の場合は、文字列に含まれる最初のタブ文字の位置をusize型の値として取得できます。

Rustには強力なパターンマッチ機能があります。これを利用して上記の分岐を次のように書き換えることができます。match式を利用することで、値のパターンに応じた条件分岐を実現できます。

```
let input = String::from("10	Hello, world");
let find_result = input.find('\t');

let index = match find_result {
    Some(position) => position,
    _ => 0
};
```

match式には、パターンとパターンに適合した場合の処理（マッチアームと呼びます）を=>で繋いで列挙します。match式はパターンを書かれた順にチェックし、マッチしたパターンのマッチアームを式として評価します。評価された値がmatch式の評価値となります。

_というパターンは、すべての値にマッチします。上記の場合は、find_resultの値がNoneだった場合にマッチします。find_resultの値がSomeの場合Some(position)のパターンにマッチします。このときSomeの保持する値は、positionに束縛されます。

if let式を利用して分岐を記述することもできます。上記のmatch式を利用したコードは、if let式を使って、次のように書き換えられます。

```
let input = format!("10\tHello, world");
let find_result = input.find('\t');

let index = if let Some(position) = find_result {
    first_position
} else {
    0
}
```

find_resultの値がSomeの場合は、最初のブロックが実行され、そうでない場合はelse以降のブロックが実行されます。

また下記のようにunwrapを試みて、うまくいかないときはデフォルトの値を利用するというアプローチもあります。

```
let input = format!("10\tHello, world");
let find_result = input.find('\t');

let index = find_result.unwrap_or(0);
```

1.2.5 Result型のエラーハンドリング

Result型もOption型と同様にパターンマッチや、if let式を使ったエラーハンドリングが可能です。先ほど取得したタブ文字の位置indexを使って、Stringオブジェクトを2つの&strに分割します。Stringオブジェクトのsplit_atメソッドは、文字列をindex番目の文字より前の部分を指す&strと、それ以降を指す&strに分割しタプルとして返します。タプルとは2つ以上の値を並べたデータ構造で、分割代入（destructure）を使って値をそれぞれ別の変数に代入できます。以下の例では前半の文字列はfirstに束縛され、secondは後半の文字列を束縛します。

```
let input = format!("10\tHello, world");
let find_result = input.find('\t');

let index = find_result.unwrap_or(0);
let (first, second) = input.split_at(index);
```

u32にはfrom_strという関連関数があります。これを使ってfirstに束縛されている文字列を、u32に変換します。文字列には数値に変換できないものがあるため、u32::from_str()関数はResult<u32, ParseIntError>型の値を返します。if let式を使ってエラーハンドリングした例が次になります。

```
use std::{num::ParseIntError, str::FromStr};
// 中略

let input = format!("10\tHello, world");
let find_result = input.find('\t');

let index = find_result.unwrap_or(0);
let (first, second) = input.split_at(index);

let counter = u32::from_str(first).unwrap_or(0);

let message = if index > 0 {
    second.trim_start().to_string()
```

```
} else {
    second.to_string()
};

let hello_world = HelloWorld::new(counter, message);
```

secondの1文字目にはタブ文字が含まれている場合があるので、1文字目を取ってからStringオブジェクトを作成しています。

> use std::{num::ParseIntError, str::FromStr};については、のちの節で説明します。

上記の例では、firstが整数として解釈できない場合、デフォルト値である0をcounterの値にしています。これに対してエラーが発生した場合は、**リスト1.12**のように発生したエラーを返します。

リスト1.12 関連関数deserializeの実装

```
fn deserialize(input: String) -> Result<HelloWorld, ParseIntError> {
    let find_result = input.find('\t');
    let index = find_result.unwrap_or(0);
    let (first, second) = input.split_at(index);

    let counter = u32::from_str(first)?;

    let message = if index > 0 {
        second.trim_start().to_string()
    } else {
        second.to_string()
    };
    Ok(HelloWorld::new(counter, message))
}
```

上記のコードのlet counter = u32::from_str(first)?;は次のコードと同じ意味になります。

```
let r = u32::from_str(first);
if let Err(e) = r {
    return Err(e)
}
let counter = r.unwrap();
```

ここまでの内容をまとめたコードは、**リスト1.13**のようになります。

リスト 1.13　これまでに実装したコード

```
use std::{num::ParseIntError, str::FromStr};

#[derive(Debug)]
struct HelloWorld{
    counter: u32,
    message: String
}

impl HelloWorld {
    fn new(counter: u32) -> Self {
        HelloWorld { counter }
    }

    fn into_u32(self) -> u32 {
        self.counter
    }

    fn say(&self) {
        println!("{}（{}回目）", self.message, self.counter);
    }

    fn countup(&mut self) {
        self.counter = self.counter + 1;
    }

    fn greet(&mut self) {
        self.countup();
        self.say();
    }

    fn serialize(self) -> String {
        format!("{}\t{}", self.counter, self.message)
    }

    fn deserialize(input: String) -> Result<HelloWorld, ParseIntError> {
        let find_result = input.find('\t');
        let index = find_result.unwrap_or(0);
        let (first, second) = input.split_at(index);

        let counter = u32::from_str(first)?;

        let message = if index > 0 {
            second.trim_start().to_string()
        } else {
            second.to_string()
        };
        Ok(HelloWorld::new(counter, message))
    }
}

impl Into<u32> for HelloWorld {
```

```
    fn into(self) -> u32 {
        self.into_u32()
    }
}

impl Into<u64> for HelloWorld {
    fn into(self) -> u64 {
        self.into_u32() as u64
    }
}
```

1.3 ライブラリーの利用

標準で用意されているライブラリーに加えて、第三者が作成したライブラリー（サードパーティーライブラリー）を利用できます。次の実行例では、ferris-saysというサードパーティーライブラリーを利用して、カニのアスキーアートを表示しています。

```
 _______________
< Hello, world! >
 ---------------
        \
         \
            _~^~^~_
        \) /  o o  \ (/
          '_   -   _'
          / '-----' \
```

表示されたカニは、Rustの非公式マスコット“Ferris”です。甲殻類を指す英単語crustaceanが、Rustを書く人を指すRustaceanという単語と似ている、ということでマスコットがカニになりました。

Rustはcrates.io[注1.2]と呼ばれる公式のサードパーティーライブラリーレポジトリーを持っています。多くの開発者がこのレポジトリーを利用して、作成したライブラリーを公開・配布しています。ferris-saysもcrates.ioで配布されています（**図1.1**、

注1.2　https://crates.io/

https://crates.io/crates/ferris-says)。

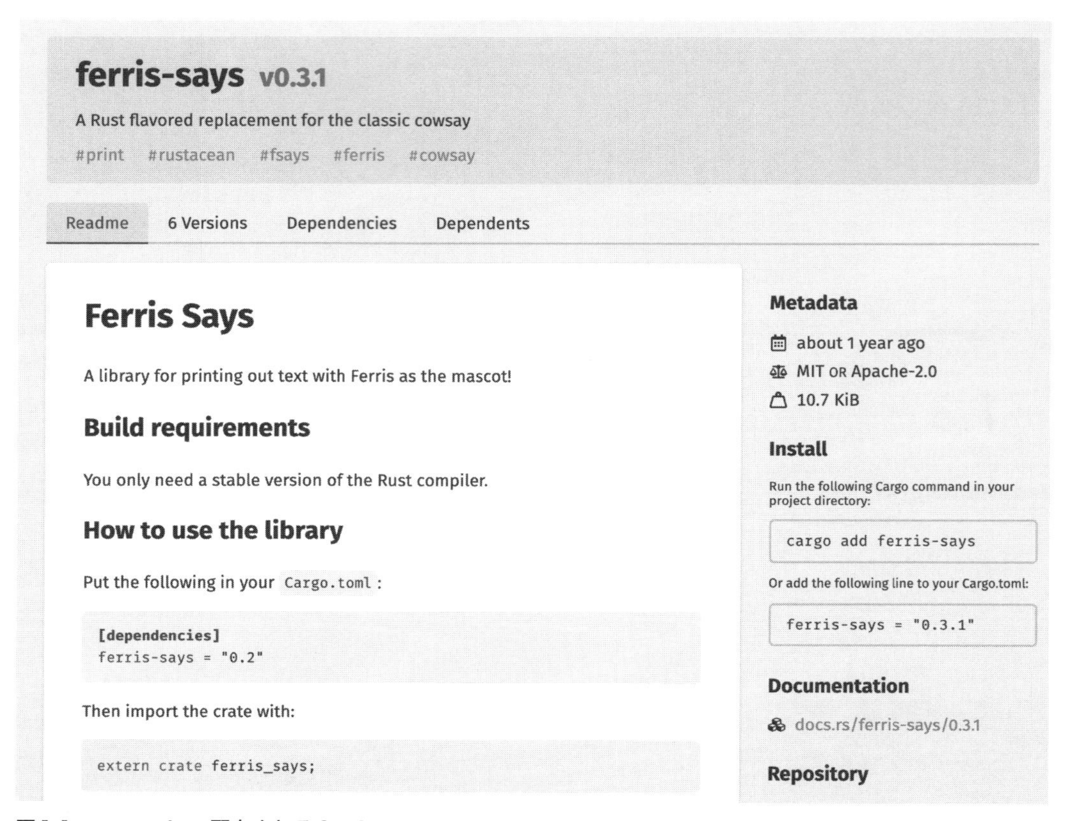

図1.1　crates.ioで配布されるferris-says

1.1節で触れたように、Cargo.tomlにはプロジェクトの設定を記述できます。設定項目ごとにセクションがあり、パッケージが利用するサードパーティーライブラリーは、dependenciesのセクションに記述します。直接Cargo.tomlを編集しても良いですし、次のようにcargo addコマンドを利用して使用するライブラリーをdependenciesセクションに追加できます。

```
$ cargo add ferris-says
```

ferris-saysをdepencenciesセクションに追加したCargo.tomlは次のようになります。

```
[package]
name = "hello-rust"
version = "0.1.0"
edition = "2021"

[dependencies]
ferris-says = "0.3.1"
```

dependenciesセクションにferris-saysに関する記述が追加されています。この記述は、「このパッケージはferris-saysのバージョン0.3.1に依存する」と解釈されます。

1.3.1 クレート

ferris-saysの提供するsay()関数を利用して、前節で見たカニのアスキーアートを出力します。Rustでは独立して配布可能なソースコードのまとまりのことをクレート（crate）と呼びます。crates.ioで配布されているライブラリーもクレートの一種です。

なお、クレートには2つの種類があります。1つはライブラリークレートで、もう1つはバイナリークレートです。バイナリークレートはCLIアプリや、サーバープログラムのように、main()関数を持つ実行可能なバイナリーとなります。一方ライブラリークレートは、main()関数を持たず、他のプログラムから利用される関数やデータ型を提供します。ferris-saysはライブラリークレートです。

クレートは名前空間を提供します。名前空間とは名前のグループのことで、グループが分かれていれば名前の重複が許可されます。たとえば、ある名前空間で定義されている関数が別の名前空間で定義されていても、関数名の重複によるビルドエラーは発生しません。ferris-saysクレートの提供するsay()関数は、ferris_saysという名前空間に所属しており、次のように参照します。

```
ferris_says::say
```

関連関数のように、名前空間ferris_saysと関数名sayを::でつなぎます。

1.3.2 Rustの名前空間

Rustはモジュールという単位で名前空間を作成します。モジュールは.rsファイルごとに1つ作成されます。たとえば次のような2つのファイルがあった場合、main.rsとanother.rsそれぞれにモジュールが作成されます。

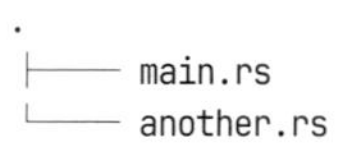

作成されたモジュールの名前は、mainとanotherになります。つまりanother.rsで定義された関数やデータ構造は、main.rsとは異なる名前空間に所属します。

また、モジュールは入れ子になることもあります。次のようなレイアウトをしている場合、another.rsで定義されるanotherモジュールは内部にsub_aとsub_bモジュールを持っています。

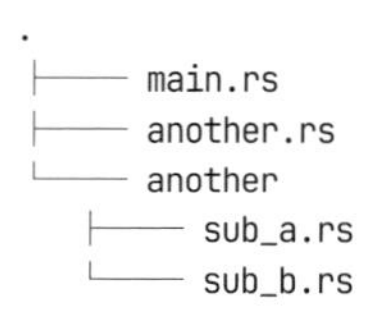

このように、クレートのソースコードツリーは、そのままモジュールの親子関係を表します。つまり、すべてのクレートはモジュールの木構造を持ちます。

ある名前空間に所属する関数名やデータ構造名は、パスを使って一意に表せます。上記の例にあるmain.rsからanother/sub_aで定義されている関数a_funcを指定するパスは、create::another::sub_a::a_funcとなります。::は名前と名前の区切り文字です。パスのルートにあたるcreateは、そのファイルが所属するクレートを表すキーワードとなっています。

1.3.3 use宣言

常に名前をパスで表記するのは面倒だという方は、use宣言を用いて別のモジュールで定義された名前を、そのモジュール内の別の名前に束縛することができます。次の例では、ferris_says::sayをsayに束縛しているため、頭にferris_says::を付けなくてもsay()関数を参照できます。

```
use ferris_says::say;

// 中略
say
```

またuse宣言にas句を追加することで、もとのモジュールとは別の名前に束縛することもできます。次の例では、ferris_says::sayをhelloに束縛しています。

```
use ferris_says::say as hello;

// 中略
hello // ferris_says::sayを指します
```

1.3.4 ferris_says::sayの利用

1.2節終了時点で、HelloWorldクラスは次のようになっていました。ferris_says::say()関数を利用するように、sayメソッドを書き換えます。

```
struct HelloWorld{
    counter: u32,
    message: String
}

impl HelloWorld {
    // sayメソッドのみ記述します
    // その他の関連関数やメソッドの定義は省略します
    fn say(&self) {
        println!("{}（{}回目）", self.message, self.counter);
    }
}
// トレイトの実装も省略します
```

ferris_says::sayは次のようなシグネチャーになっています。

```
pub fn say<W>(input: &str, max_width: usize, writer: W) -> std::io::Result<()>
where
    W: Write,
```

この関数は1つめのパラメーターに指定した文字列を、3つめのパラメーターであるwriterに書き込みます。writerはWriteトレイトを実装している構造体とされており、バイト列の書き込みができるという性質を満たすものなら何でも受け付けるようになっています。これによって標準出力だけでなく、ファイルやメモリー上の配列などさまざまな場所に文字列を書き込めます。

2つめのパラメーターは1行の文字数を表します。書き込む文字列の長さが指定された文字数より多い場合は、文字列の途中で改行されます。

返り値のstd::io::Result<T>は、Result<T, std::io::Error>と定義されているResult型です。

ここでは標準出力に文字列を出力することとします。std::io::stdout()関数を呼ぶと、標準出力を表すオブジェクトを取得できます。このオブジェクトはWriteトレイトを実装しているため、3つめのパラメーターとしてsay()関数に渡せます。

say()関数はファイルなどへ書き込みを行う関係上、実行時エラーが発生することがあります。エラー発生時にはErrオブジェクトを返します。このエラーを適切にハンドリングする必要があります。**リスト1.14**では、発生したエラーを標準出力に出力しています。

リスト1.14 ferris_says::sayを利用する実装を追加

```
use ferris_says::say;
use std::{io::stdout, num::ParseIntError, str::FromStr};

struct HelloWorld{
    counter: u32,
    message: String
}

impl HelloWorld {
    // sayメソッドのみ記述します
    // その他の関連関数やメソッドは省略します
    fn say(&self) {
        let message = format!("{} ({}回目)", self.message, self.counter);
        let writer = stdout();
        if let Err(e) = say(&message, message.len(), writer) {
            println!("{}", e);
        }
    }
}
// トレイトの実装も省略します
```

1.3.5 実行例

変更したsay()メソッドは、次のように利用します。

```
fn main() {
    let mesasge = "Hello, Wasm!";
    let hello_world = HelloWorld::new(1, mesasge.to_string());
```

```
    hello_world.say();
}
```

上記のコードは実行結果は、次のようになります。

```
 ______________________
< Hello, Wasm!（1回目） >
 ----------------------
        \
         \
            _~^~^~_
        \) /  o o  \ (/
          '_   -   _'
          / '-----' \
```

1.4 まとめ

この章ではRustの基本的な文法について概観しました。具体的には次の内容に触れました。

- プロジェクトの作成とビルド
- 変数の宣言と、値の束縛
- プリミティブ型とユーザー定義型（列挙型や構造体など）
- 関数、メソッドの定義と呼び出し
- 制御構造
- パターンマッチングと、エラーハンドリング
- モジュールと名前空間
- トレイトとその実装
- クレートの利用

本書で必要なRustの知識は以上の範囲に収まっています。上記の内容をより深く知りたいという方は専門書をあたられると良いでしょう。良い日本語の書籍は多く出版されています。

オンラインの資料として代表的なのは、次の3つです。いずれも原著は英語ですが、コミュ

ニティによって翻訳されています。

- The Rust Programming Language 日本語版[注1.3]
- Comprehensive Rust 🦀[注1.4]
- Rust by Example[注1.5]

Rust by Exampleは、Rustについてサンプルコードを中心に説明をしています。コードを見ながら勉強をするといった使い方はもちろん、ユースケースからプログラムの書き方を探すといった使い方もできるかと思います。

また本文中でも紹介しましたが、"Rust error codes index"[注1.6]も便利なサイトです。エラーコードの意味と、その原因、対処方法まで解説しています。

第3章以降の章では、本章で学んだRustを使ってWasmコンポーネントを作成しながら、開発のフローやWasmコンポーネントの利用方法、Wasmコンポーネントの再利用性を促すレポジトリーの利用法などについて説明します。

注1.3　https://doc.rust-jp.rs/book-ja/

注1.4　https://google.github.io/comprehensive-rust/ja/index.html

注1.5　https://doc.rust-jp.rs/rust-by-example-ja/

注1.6　https://doc.rust-lang.org/error_codes/error-index.html

第2章

WebAssemblyとは

WebAssemblyにはいくつかの特徴があります。その特徴を紹介しつつ、それらを利用した利用例を紹介します。またWebAssemblyの標準化プロセスと、標準化が進んでいるコンポーネントモデルについても説明します。

2.1 WebAssemblyの特徴

WebAssembly（Wasm）とは、プログラムを記述するためのポータブルなバイナリーフォーマットです。もともとはWebブラウザー上でプログラムを安定して高速に実行するための技術として2015年に発表されました。そのあと2017年に主要なブラウザーエンジンがWasmをサポートし、2019年にWeb技術の標準化団体であるWorld Wide Consortium（W3C）にて仕様が策定されました。

もともとWebブラウザー上での実行を想定しているため、次の特徴があります。

- Wasmはビルドターゲットであること
- 作成元が信用できないコードも安全に実行できること
- バイナリーファイルをテキスト形式（WAT）に変換でき、ソースコードを読むことができること

それぞれ節を分けて説明をします。

2.1.1 ビルドターゲット

Rustのプロジェクトをビルドすると、実行可能ファイルが作成されます。たとえば、次のように作成したhelloプロジェクトをリリース版としてビルドすると、target/releaseフォルダーに実行可能ファイルhelloが作成されます。

```
# helloプロジェクトを作成します
$ cargo new hello

# helloプロジェクトのリリース版をビルドします
$ cd hello
$ cargo build -r

$ ls target/release/hello
target/release/hello
```

作成されたhelloはどのプラットフォームでも実行できるわけではありません。たとえば、

Apple Silicon上で動作するmacOSでビルドした場合、作成された`hello`をIntelのCPU上で動作するWindowsで実行することはできません。

--targetオプション

Rustではビルドして作成されるファイルが動作する環境を`--target`オプションで指定できます。指定しない場合は、ビルドを行っている環境が標準値として指定されます。Rustが内部で利用しているツールの設定などは必要ですが、次のようにIntelの64ビットCPU上で動作するLinux向けの実行可能ファイルを、Apple Siliconで動作するmacOS上で作成できます。

```
$ cargo build -r --target x86_64-unknown-linux-gnu
```

`--target`オプションで指定する想定される実行環境のことを、ビルドターゲットと呼びます。ビルドターゲットにAを指定してビルドすることを、Aをターゲットにビルドすると呼ぶこともあります。上記の例を`x86_64-unknown-linux-gnu`をビルドターゲットに指定してビルドすると呼ぶこともあれば、`x86_64-unknown-linux-gnu`をターゲットにビルドすると呼ぶこともあります。

`rustup target list`コマンドを実行すると、Rustがサポートするビルドターゲットを確認できます。

```
$ rustup target list
aarch64-apple-darwin (installed)
aarch64-apple-ios
aarch64-apple-ios-sim
aarch64-linux-android
aarch64-pc-windows-gnullvm
aarch64-pc-windows-msvc
aarch64-unknown-fuchsia
aarch64-unknown-linux-gnu
aarch64-unknown-linux-musl
aarch64-unknown-linux-ohos
aarch64-unknown-none
aarch64-unknown-none-softfloat
aarch64-unknown-uefi
arm-linux-androideabi
# サポートするビルドターゲットのリストは続きますが、省略します
```

上記の例は、Apple Siliconで動作するmacOS上で実行した結果です。Rustではビルドターゲットを、CPUアーキテクチャーやOSなどを`-`でつなげて表記します。`aarch64-apple-darwin`はAppleの作成したAArch64 CPU（Apple Siliconのことを指します）で動作する

macOSを意味します。

現在ビルドできるビルドターゲットには(Installed)が表示されています。上記の例ではaarch64-apple-darwinに(Installed)と表示されています。これはaarch64-apple-darwinをターゲットにビルドできることを意味します。

○ Wasmもビルドターゲット

rustup target listコマンドの結果を見ていくと、次のようにwasm32から始まるものがあります。これらがWasmを作成するためのビルドターゲットです。

- wasm32-unknown-unknown
- wasm32-wasi
- wasm32-wasip1
- wasm32-wasip1-threads

上記のうちのいずれかをビルドターゲットに指定することで、RustのプログラムからWasmファイルをビルドできます。次の例ではwasm32-wasip1をターゲットにビルドしています。

```
# wasm32-wasip1をターゲットにプロジェクトをビルドします
$ cargo build --target wasm32-wasip1

# hello.wasmが作成されています
$ ls target/wasm-wasip1/release/hello.wasm
target/wasm-wasip1/release/hello.wasm
```

このようにWasmは、プログラムをビルドする際に指定するビルドターゲットの1つです。Apple Silliconで動作するmacOSをターゲットにビルドするのと同様に、Wasmをターゲットにプロジェクトをビルドすることができます。

○ ビルドターゲットとしての特徴

前述したとおり、Rustで指定するビルドターゲットはCPUアーキテクチャーとOSなどを-でつなげて表記します。Wasmの場合も例外ではなくwasm32は「CPUアーキテクチャー」を指します。

「CPUアーキテクチャー」と括弧を付けて書いたのは、IntelやArmのように物理的に存在するCPUのアーキテクチャーではないからです。Wasmの仕様はプログラミング言語やプラットフォームから独立した仮想マシンを定義しています。Wasmをターゲットにビルドをした場合、仮想マシンがサポートする命令セットに変換されたプログラムが出力されます。

`wasm32-unknown-unknown`と`wasm32-wasip1`との違いは、システムインターフェースの指定の有無です。前者はシステムインターフェースを指定しませんが、後者はWebAssembly Sysytem Interface Preview 1が利用できることを仮定したWasmファイルを作成します。

システムコールのようなシステムの管理する資源を利用するためのAPIは、Wasmの仕様とは独立して定義されます。これはAPIがユースケースによって異なるためです。たとえばコマンドラインインターフェース（以下、CLI）で実行されるアプリと、HTTPプロキシーとでは必要なAPIが異なりますし、フライトシュミレーターの機能拡張や、ECサイトで利用するビジネスロジックの実装向けのAPIとも異なります。

一方でCLIアプリのようなユースケースに対してAPIが定められていないのは、可搬性の面で問題です。「Linux固有のシステムインターフェースを利用しているので、このWasmはLinuxのシェルからしか起動できません」では、プラットフォームから独立した仮想マシン向けにビルドする意義も薄まります。そのため、よくあるユースケースについてはWebAssembly System Interface（WASI）として仕様が定められています。

スタックとメモリー

実マシンでプログラムを実行する場合、プログラムが扱うデータはメインメモリーからレジスターへロードされます。レジスターにロードされた値に対して命令に応じた演算を行い、結果を必要に応じてメインメモリーに書き戻します（**図2.1**）。

図2.1　メモリーとレジスターの関係は本棚と机の関係に似ている

Wasmの仮想マシンも同様の構成をしています。メモリーからデータをロードして、ロードされた値に対して命令に応じた演算を行います。このとき、データはスタックにロードされるのがWasmの特徴です。Wasmの仮想マシンにレジスターはなく、演算はすべてスタックを対象に行われます。たとえば1+2+3の計算は、スタックを使って**図2.2**のように計算されます。

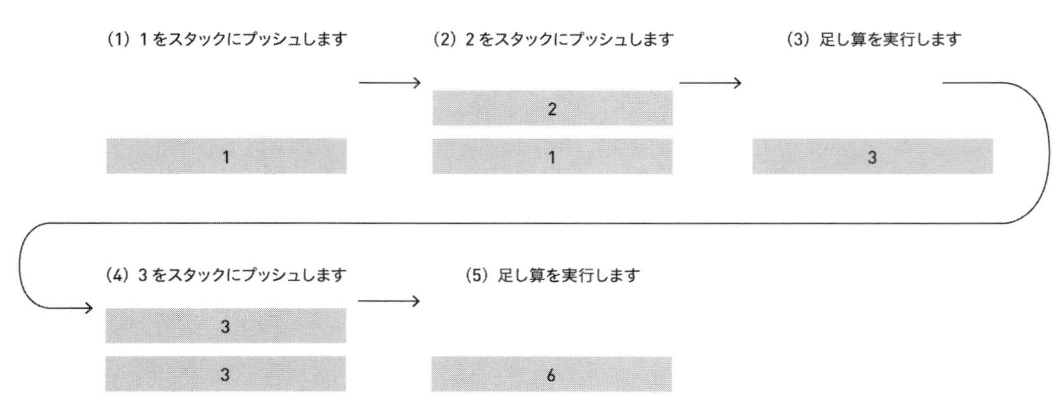

図2.2　スタックを使った1+2+3の計算

メモリーへのアクセスは1バイト単位で行います。Wasmからアクセスできるメモリーは最大で2GiBまでです。Wasmはメモリーをページと呼ばれる単位で管理するのですが、1ページは64KiB（65,536バイト）であることと、ページのインデックスは32bitで表現されていること、そしてページインデックスの最上位ビットはエラー処理のために利用されることから、最大サイズが2GiBとなっています。

なお、ページインデックスの大きさを64bitに変更する仕様が執筆現在、議論されています。これをふまえてビルドターゲットの名前は`wasm32`となっています。`32`はインデックスサイズを表す数値です。インデックスの大きさを64bitにする仕様が策定されれば、`wasm64`というターゲットが追加されるのではないでしょうか。

ビルドターゲットとして定義する意義

以上のようにWasmはビルドターゲットとして定義されています。これは、ビルドをした結果Wasmファイルが出力されれば、ソースコードがどんな言語で書かれていたとしても同じWasmファイルとして扱うことができることを意味しています。

事実、Rust以外にもC言語やC++、Go、Zig、Swift、Kotinといったプログラミング言語には、Wasmファイルを出力できるコンパイラーが存在します。また処理系をWasmとしてビルドし、その上で実行するプログラムをデータとしてWasmに追加することで、RubyやJavaScriptなどのプログラムをWasmに変換するツールもあります。

プログラミング言語に依存しないWasmの仕様とWasmをターゲットにビルドできるツールの存在は、プログラミング言語の選択肢を広げます。Webブラウザー上での実行がその典型例です。

Wasmが登場する以前、C言語で書かれたプログラムが持つ機能を利用したWebサイトを作ることはできませんでした。そのようなWebサイトを作る場合には、まずC言語で書かれたプログラムをJavaScriptで書き直すことが必要でした。書き直すことそのものにも労力が必要となりますし、書き直されたものが元のプログラムとまったく同じように動作することを保証するためには、多くの労力を品質管理の工程に投じなければなりません。このように多くの投資をして初めて、C言語で書かれたプログラムが持つ機能をWebサイトに組み込むことができました。

Wasmの登場によって、投資する労力をグッと節約できる可能性が出てきました。前述のとおりC言語で書かれたプログラムをビルドしてWasmを出力するツールがあります。このツールを利用することで、理想的にはプログラムの書き直しの労力をなくすことができます。実際にはC言語特有の機能や、同期的に書かれている部分を非同期処理に対応するように書き直すといった作業は発生しますので、まったくのゼロというわけにはいきません。それでもすべてをJavaScriptで書き直すことに比べれば書き直す量も少なくなりますし、品質管理の範囲も限定することができるでしょう。

既存資産のWebへの展開といった以外にも、プログラミング言語の選択肢が広がることによって大きな利益を受けられるユースケースがあります。それはサードパーティーのプログラムを拡張として実行するようなプラットフォームです。JavaScriptで書かれた拡張しか受け入れられない場合、拡張を書くプログラマーはJavaScriptのプログラマーに限定されます。実行するサードパーティープログラムをWasmファイルとして受け付けることで、プログラミング言語の縛りをゆるめ、拡張開発者の裾野を広げることが期待されます。

2.1.2 信頼できないコードの実行

Webブラウザーを使っているユーザーは、ブラウザーが実行するプログラムの作成元を信頼することができません。なぜならWebサイトは誰でもいつでも公開できますし、JavaScriptで書かれたプログラムをWeb上に公開するために何らかの団体による審査を受ける必要もないためです。プログラムを書いて、Webサーバーにアップロードすればプログラムを Web上に公開できてしまいます。

信頼できないコードを安全に実行するために、Webブラウザーの開発元はさまざまな取り組みをしています。Webブラウザーを実行している環境から切り離した環境を用意して、その中でJavaScriptを実行させるのも、そのような取り組みの1つです。JavaScriptが実行される切り離された環境のことを、サンドボックスと呼びます。サンドボックスの中では、ファイルやカメラのようなデバイスへのアクセスが制限されます（**図2.3**）。

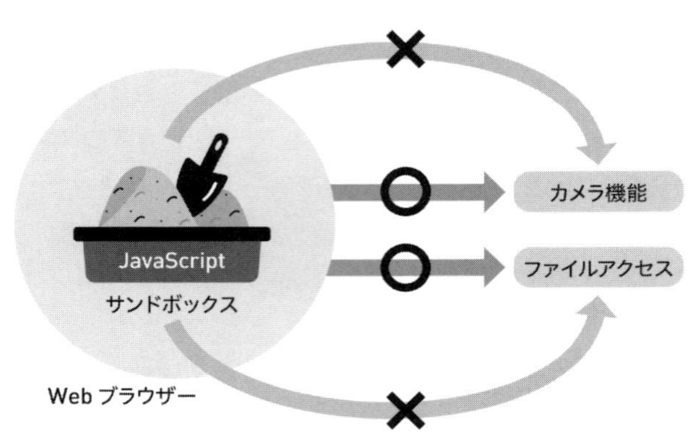

図2.3　JavaScriptはサンドボックス内で動作します

前述のとおり、WasmはWebブラウザー上での実行を念頭に開発されました。つまりWasmファイルも開発元が信頼できないプログラムの一種であり、Wasmを実行してもユーザーと実行環境の安全は守られなければならないという設計上の要求がありました。そのためJavaScriptと同様のサンドボックスの内部で実行されるものとしてWasmは設計されています。

その一端をWasmがアクセスするメモリーのモデルに見ることができるように思います。実行中のWasmファイルのことをWasmインスタンスと呼び、Wasmインスタンスからアクセスできるメモリーのことを線形メモリー（liner memory）と呼びます。線形メモリーは単なるバイトの配列として定められており、セグメントのような概念はありません。スタック領域を不正に操作して、任意のコードを実行するといった攻撃は難しくなっています。

Wasmファイルを作成するコンパイラーには、線形メモリーの一部をスタック領域のように利用するものもあります。この場合でもWasmのコードはWasmインスタンスからアクセスできない領域に保存されていますし、実行可能フラグのようなものも線形メモリーにはありません。つまり安全性の面で問題があるようなコードをメモリー上にデータとして書き込んで、実行可能フラグを設定することで任意のコードを実行するといった攻撃はとても難しくなっています。

またシステムが管理する資源へのアクセスも制限されています。資源へのアクセスはシステムインターフェースを通じて行います。システムインターフェースは、Webブラウザーのような Wasmの実行環境によって用意されます。そのためWasmの実行環境を用意する側でWasmがアクセスできる資源を制限できます。

たとえば、CLIアプリ向けのシステムインターフェースであるWASI CLIは、プログラムを起動するためのAPIを持ちません。つまりシェルのような他のプログラムを起動するための機構をWasmとして実現するためには、WASI CLIとは別のシステムインターフェースを実行環境に用意する必要があります。

どの資源へのアクセスを制限するかはWasmを実行する環境への要求と、制約、設計思想に依存します。それでも開発に利用するプログラミング言語や、実装できる処理にある程度の柔軟性を許しつつも、プログラムをサンドボックス内で安全に実行できるという点は魅力的ですし、エコシステムの広がりも見せています。

2.1.3 WAT：Wasmのテキストフォーマット

Webはさまざまな特徴を持つシステムです。ソースコードをテキスト形式で読むことができるというのも、その特徴の1つです。WebページのソースコードであるHTMLやCSS、そしてJavaScriptのソースコードも読むことができます。Web技術の1つとして開発されたWasmも、この特徴を備えています。

WasmのテキストフォーマットはWATと略され、ファイル名には`.wat`の拡張子がつきます。WasmファイルとWATファイルとは相互に変換できます。WasmファイルからWATファイルを作成するだけでなく、WATファイルからWasmファイルを作成することもできます。`wasm-tools print`コマンドを使ったWasmファイルからテキストフォーマットへの変換は次のようになります。

```
$ wasm-tools print target/wasm32-wasip1/release/hello.wasm | head
(module $hello-def805a04b9c4733.wasm
  (type (;0;) (func))
  (type (;1;) (func (param i32)))
  (type (;2;) (func (param i32 i32)))
  (type (;3;) (func (param i32) (result i32)))
  (type (;4;) (func (param i32 i32) (result i32)))
  (type (;5;) (func (param i32 i32 i32) (result i32)))
  (type (;6;) (func (param i32 i32 i32)))
  (type (;7;) (func (param i32 i32 i32 i32) (result i32)))
  (type (;8;) (func (result i32)))
```

WATはS式をベースにした記法を採用しています。`(`と`)`で囲まれた部分が1つのブロックを表しています。`(`の次に、そのブロックの種類が書かれています。下記の例では、`(func (param i32))`という型に`;1;`という名前を付けています。

```
(type (;1;) (func (param i32)))
```

テキストフォーマットからバイナリーフォーマットへの変換はwasm-tools parseコマンドを利用します。次の例では、hello.watをhello.wasmに変換しています。

```
$ wasm-tools parse hello.wat -o hello.wasm
```

wasm-toolsはcargo installコマンドを利用してインストールします。

```
$ cargo install wasm-tools
```

なおテキストフォーマットとバイナリーフォマットの相互変換を行えるツールは、wasm-tools以外にも存在します。

2.2 Wasmの利用例

特徴をひととおり見たところで、Wasmの利用例をいくつか紹介します。利用例はいずれも、次に挙げるWasmの特性を上手に利用しているように思います。

- プラットフォームやプログラミング言語に依存しないビルドターゲットであること
- 作成元が信用できないコードも安全に実行できること

前者の特徴に着目したユースケースは、次のような目的を達成するためにWasmを利用しているように思います。

- マルチプラットフォーム展開をするため
- 既存の資産を活かしたWebサービスを提供するため
- 幅広い開発者に開発やエコシステムに参加してもらうため

後者はサードパーティーの開発者による機能拡張の作成、配布を実現するために利用されることが多いように感じています。具体的には次のようなユースケースが挙げられます。幅広い開発者に開発やエコシステムに参加してもらいやすい、という特徴も下記のユースケースにフィットしていると思います。

- デスクトップアプリケーションの機能拡張
- ECサイトでのカスタムビジネスロジックの実現
- サーバーレス環境に配置する処理の実現

上記に加えて、JavaScriptよりもパフォーマンスが安定することを期待して利用する場合もあります。Webブラウザーの搭載するJavaScriptの処理系は、実行時に適用される最適化手法や段階によってパフォーマンスがばらつくことがあります。一方でWasmはパフォーマンスのばらつきが少なく、JavaScriptよりも安定したパフォーマンスを発揮しやすいことが知られています。安定したパフォーマンスが必要とされるような処理にはWasmが利用される場合が多いように感じます。

Wasmが登場した直後はJavaScriptよりも高速な実行をWasmの利点としていたこともありました。当時は確かにWasmのほうが高速に実行されることが多かったように記憶しています。そのあとJavaScript処理系の改善によりパフォーマンス、とくによく実行されるコードのパフォーマンスには差がなくなってきました。また、後述するように線形メモリーとJavaScriptのオブジェクトとの間でのデータコピーが発生するぶんWasmのほうが、パフォーマンスが低いという場合も見られるようになりました。そのため、現在では高速な実行よりも、安定したパフォーマンスや上記2つの特徴を活かしたエコシステムの実現可能性のほうに着目されるようになっていると思います。

2.2.1　マルチプラットフォーム展開の例

Goodnotes社が提供しているノートアプリGoodnotesは、iOSとiPad向けのアプリケーションとして開発されています。このアプリはSwiftで実装され、長くこの2つのプラットフォームのみにリリースされていましたが、2022年にWeb、ChromeOS、Android、そしてWindowsに向けてリリースされました。このマルチプラットフォーム展開はWasmの採用によって実現されました。

SwiftWasmはコミュニティによって開発されているオープンソースプロジェクトで、Swiftで書かれたプログラムをWasmにコンパイルするツールです。Goodnotes社はSwiftWasmを使ってSwiftで実装されたコードをWebアプリケーション化しました。その後、Webアプリケーションを埋め込む形で、Windows版とAndroid版をリリースしています。

wev.devに公開された記事[注2.1]によると、以下の理由からWasmが採用されたそうです。

- 10万行を超えるコードを再利用するため
- コアプロダクトの開発が、クロスプラットフォームアプリの開発につながるため
- ビジネスロジックの移植や追加開発をすることなく、あるプラットフォームへのノートが他のどのプラットフォームでも同じ描画結果となるようにすることができるため
- あるプラットフォームで行われたパフォーマンス改善やバグ修正を、他のプラットフォームでも活用できるため

この事例はWasmの特徴を活かし、既存資産を活用して製品を展開させた好例のように思います。とくにノートアプリのコア機能であるノートの描画機能の移植や追加開発が不要になったというのが、他のプラットフォームへの展開を可能にしたのではないでしょうか。Goodnotesのノートはタイプした文字だけでなく、手書きの文字やイラスト、写真なども含みます。外出先でiPadを使ってとったノートを帰宅後にWeb版で閲覧したら、描画が崩れしまって何が書れているのかまったくわからなった、ということが起きてはアプリの体験が大きく損なわれてしまうでしょう。

ノートを描画するコードは大きく複雑になりがちで、他のプラットフォームへの移植には品質管理を含めた少なくない投資が必要なように思います。同じソースコードのビルドターゲットを切り替えることで他のプラットフォームでも動作するバイナリーファイルが作成できるというWasmの特徴を活かすことで、移植作業を大きく省力化できるほか、ノートの描画に関する品質管理のコスト削減にもつながるように感じます。

またコードの移植や対応するプラットフォームの追加は、バグ修正やパフォーマンス改善などのメンテナンスコストも増大させます。Wasmを利用している部分のバグであれば、Swiftで書かれたソースコードを修正することで、その改善は他のプラットフォームでも利用できるようになります。ここでもWasmの利用をコストの削減につなげているように感じました。

2.2.2 Wasmによるプラグイン開発の例

Wasmファイルを機能拡張の配布フォーマットとして利用することはしばしば行われます。たとえば、次の2つはその代表例です。前者はアプリの機能拡張として、後者はサービスの機能拡張としてWasmファイルを利用しています。

注2.1 https://web.dev/case-studies/goodnotes?hl=ja

- Microsoft Flight Simulator
- Shopify Functions

Microsoft Flight Simulatorは飛行機を飛ばす体験をシミュレートできる、フライトシミュレーションゲームです。飛行機を飛ばすゲームなので、複葉機から戦闘機までさまざまな種類の飛行機が用意されています。このゲームの特徴の1つに、飛ばせる機種の追加があります。初期設定では存在しない機種はアドオンとして配布されている場合があります。アドオンはゲーム内のマーケットプレイスで配布されているほか、サードパーティーのWebサイトでも配布されています。動作音やモデル、テクスチャーのようなアセットを追加することで機種を実装できる場合もありますが、中には操縦席に計器を追加しなければならない場合もあります。そういう場合にはC言語やC++言語で計器の振る舞いを実装します。実装された計器はWasmをターゲットにビルドされ、拡張として配布されるファイル群の中に含まれます。

Shopifyは商品を通信販売するサイト（ECサイト）を構築できるサービスです。ECサイトを構築するうえで必要なバックエンド機能、たとえば売上管理、商品管理、マーケティングなどのツールはひととおり用意されています。しかし用意されている機能だけを使っていくなかで、カスタマイズしたいという要求が出てくる場合もあります。そのような場合、Shopify Functionという機能を使って機能をカスタマイズし、拡張することができます。機能拡張は仕様に従ったWasmファイルを作成できるものであれば、好きなプログラミング言語で作成できます。作成されたWasmファイルを配置することで、ニーズにあった機能拡張を安全に実行できます。

上記の2つに共通しているのは、どちらもアプリやサービスの開発主体ではない第三者に機能拡張の作成を許可しているという点です。機能拡張が必要ということは、実現したいことが設定ファイルで記述できる範囲を超えて多様であることを意味しています。そのため機能拡張を有効にすると、何らかの別のプログラムが動作することになります。ここで問題になるのが、動かしたプログラムが安全であるかどうかです。

開発元に認定された開発者だけが機能拡張を実装できるという場合、プログラムが安全であることを保証するのは、そうでない場合と比べて比較的容易だと思います。それは、開発元が検査を行って安全性を確認するといったことが、比較的安価に行えるだろうからです。ところが第三者が機能拡張を作成するとなるとそうはいきません。とくに第三者のWebサイトを通じた機能拡張の配布を許可した場合、ほぼ不可能になるといっても良いでしょう。そうなると信頼できないコードを安全に動かせる機能が必要となってきます。

前述のとおり、Wasmは信頼できないコードを安全に動かすための環境が整っています。多くのWasmの実行環境はサンドボックスの内部でWasmにビルドされたプログラムを動作させます。またライブラリーとして提供されているWasmの実行環境も存在します。これらの実行環境を利用することで、一から実行環境を実装しなくても、Wasmを利用した機能拡張をサポートできます。

またWasmがビルドターゲットであることも、機能拡張の多様さや開発者の確保という面で有利に働きます。たとえば機能拡張がC言語でのみ開発可能だった場合を考えてみましょう。その場合、Rustの開発者が機能拡張を作成する場合、C言語の学習から始めなければなりません。またRustに存在する便利なクレートを使うことも難しくなります。Wasmを機能拡張のフォーマットとして利用することにより、Wasmにビルドできるプログラミング言語の開発者であれば、機能拡張の開発を始められるようになります。

柔軟性と安全性の良いところどりがしやすい点が、Wasmを機能拡張に利用する利点であると思います。

2.3 Wasmの標準化プロセス

Wasmの標準化はWorld Wide Web Consortium（W3C）で行われています。最終的に標準化を行うのはWorking Group（WG）ですが、仕様の議論そのものはCommunity Group（CG）で行われています。これは、W3Cの仕様策定ができるのはWGに限られるという事情があります。W3CのWGは企業が主なメンバーとなっているのに対して、CGには個人も多く参加しています。またWGは議論の範囲も決まっています。仕様の議論を広く行うためにこのような構成になっていると、筆者は理解しています。

仕様の標準化は以下に挙げる6つのフェーズがあります。最後の2フェーズはWGにおける標準化作業で、その前のImplementation PhaseまでCGが関わります（**図2.4**）。

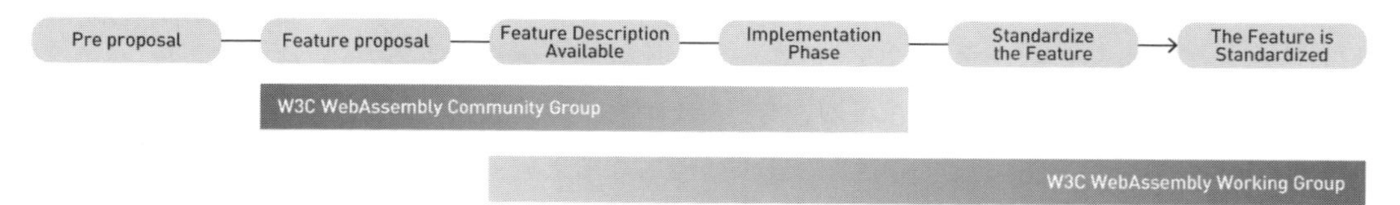

図2.4　Wasmの標準化プロセス

仕様策定はCGに参加する個人がWasmに追加したい仕様のアイデアを、Wasmの仕様を収めたGitHubレポジトリーにイシューとして登録するところから始まります。登録されたイシューが支持を得て、仕様の提案リストに追加されるとPre proposalの状態になります。

そのあと、CGから広く興味を得た提案はFeature proposal Phaseに入ります。この際、提案がCGのスコープに含まれることや実現の確度の度合といったことも検討されます。議論が進み、仕様を明文化します。そのあと仕様の実装を行います。ある仕様をW3Cで標準化する場合、その仕様は2つ以上の実装を持つことが必要とされるためです。また実装を通して発見された問題点をもとに、仕様の再検討が行われることもあります。2つ以上の実装がそろい、仕様に対するCGでの議論も合意に達して初めてStandardizing the feature Phaseに入ります。このフェーズで議論はWGに移ります。WGでの議論ののち、合意に達したものがW3Cの勧告として標準化されます。

2.4 仕様の進化とコンポーネントモデル

本書執筆時点の2024年ではWasmの仕様の第2版について、W3Cのワーキングドラフトとしての取りまとめが進んでいます。先の節で述べたように、W3Cの勧告はコミュニティにおける議論や実装のスナップショットという側面があります。事実、第2版にはすでに実装と利用が進んでいる機能が大きく取り入れられています。以下が、第2版に取り入れられた仕様の例です。

- 複数の返り値を返す多値関数
- メモリー領域に対する操作
- 固定サイズのSIMD

追加されるWasmの仕様は、命令セットの追加のような仮想マシンそのものを拡張するもの以外にも存在します。“JavaScript BigInt to WebAssembly i64 integration”という仕様が典型例です。この仕様はJavaScriptに存在するBigIntと呼ばれるデータ型と、Wasmの持つ符号つき64ビット整数との相互変換方法を定めたものです。これによりJavaScriptとWasmの相互運用可能性が高まりました。

これ以外にもWasmの相互運用可能性を高める仕様が形になりつつあります。それがコンポーネントモデルと呼ばれる仕様です。執筆当時はFeature proposal Phaseにありますが、ツールの対応も進み、さまざまな仕様がコンポーネントモデルを前提としたものになりつつあります。そのため、本節ではコンポーネントモデルが提案された経緯について説明します。まずはコンポーネントモデルが提案される以前の状況について解説します。

2.4.1 Wasmモジュール

コンポーネントモデル以前の仕様では、ビルドされた結果出力されるWasmファイルのことをWasmモジュールと呼んでいました。Wasmモジュールは**図2.5**のように、いくつかのセクションで構成されています。

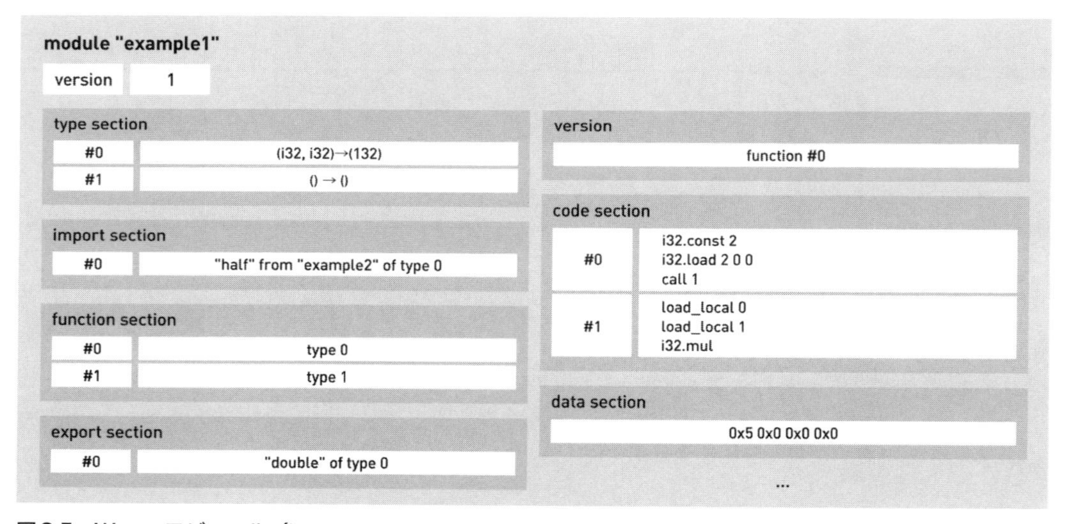

図2.5　Wasmモジュール（https://rsms.me/wasm-introより引用）

上記の中で注目するべきはfunction sectionとimport section、そしてexport sectionです。

function sectionは名前のとおり関数を定義するセクションです。type sectionには関数の型が列挙されており、code sectionには関数の本体が保存されています。function sectionはこの2つのセクションの要素を結び付けることで関数を定義しています。

function sectionで定義された関数には、2つの利用シナリオがあります。

- Wasmモジュール内の関数から呼ばれるシナリオ
- Wasmモジュール外から呼ばれるシナリオ

前者は次のRustの例におけるadd_one()関数です。

```
fn add_one(value: i32) -> i32 {
    value + 1
}

pub fn add_two(value: i32) -> i32 {
    let value = add_one(value);
    add_one(value)
}
```

この関数はadd_two()関数から呼ばれています。またpubキーワードがついていないので、他のモジュールからadd_one()関数を呼ぶことはできません。後者の関数はadd_two()関数にあたります。pubキーワードがついているこの関数は、他のモジュールから呼ぶことができます。

前者と後者を分ける基準は、export sectionに登録されているか否かです。export sectionに登録されていないものが前者、登録されているものが後者となります。

export sectionが外部にエクスポートする関数を定義するのに対して、import sectionはWasmモジュールの内部で利用できる外部の関数を定めます。2.1.2節で述べたシステムインターフェースはimport sectionに定義されます。

2.4.2 モジュールとインスタンス

Wasmモジュールを実行可能状態にしたものをWasmインスタンスと呼びます。Webブラウザー上でadd_two.wasmをインスタンス化するJavaScriptのプログラムは次のようになります。

```
const { wasm, instance } = await WebAssembly.InstantiateStreaming("add.wasm");
```

instance変数にインスタンス化されたWasmモジュールが代入されています。2.1.2節で述べたとおりWasmインスタンスは、サンドボックスの中で動作します。上記のコードの場合、WasmインスタンスはWebブラウザーの持っている資源にアクセスすることはできませんし、JavaScriptの変数にアクセスすることもできません。

WasmインスタンスはJavaScriptのオブジェクトとして扱えます。Wasmモジュールがエクスポートする関数は、exports属性を通して利用できます。前項で定義したadd_two()関数がエクスポートされていた場合、次のように呼び出すことができます。

```
const four = instance.exports.add_two(2);
```

2.4.3 データ表現に関する仕様の不在

ここで問題になるのは、引数に指定されるデータの表現です。とくにユーザー定義型の表現です。たとえば次のようなRustの構造体があったとします。

```
struct A {
    x: u32,
    y: u8,
    z: u16,
}
```

これを処理する関数は、Rustで次のように定義できます。

```
pub fn get_x(value: &A) -> u32 {
    value.x
}

pub fn get_y(value: &A) -> u8 {
    value.y
}

pub fn get_z(value: &A) -> u16 {
    value.z
}
```

この関数を含むプログラムを、Wasmをターゲットにビルド、インスタンス化し、エクスポートされていた`get_x()`関数をJavaScriptから呼び出すというような場合を考えてみます。`instance`変数にはWasmインスタンスが代入されているものとします。開発者としては、次のように呼び出すことができることを期待します。

```
// A型と同じ構造を持つJavaScriptのオブジェクトを作成します
const a = { x: 1, y: 2, z: 3};

const x = instance.exports.get_x(a); // aを引数にget_x()関数を呼びます
```

実は上記のような関数呼び出しはできません。なぜならWasmインスタンスはサンドボックスの中で実行されており、aの値が保存されているメモリーにget_x()関数はアクセスすることができないためです。実際は、Wasmインスタンスが利用している線形メモリーにオブジェクトをコピーすることが必要です。

```
const a = { x: 1, y: 2, z: 3};

// 線形メモリーをu8の配列としてJavaScriptから操作します
const memory = new UInt8Array(instance.exports.memory.buffer);

// x属性の値をコピーします
memory[3] = a.x & 0xc0;
memory[2] = a.x & 0x30;
memory[1] = a.x & 0x0c;
memory[0] = a.x & 0x03;
// y属性の値をコピーします
memory[4] = a.y;
// z属性の値をコピーします
memory[6] = a.z & 0x03;
memory[5] = a.z & 0x0c;

// コピーしたオブジェクトの先頭の添字を引数に関数を呼びます
const x = instance.exports.get_x(0);
const y = instance.exports.get_y(0);
const z = instance.exports.get_z(0);

console.log(`x = ${x}, y = ${y}, z = ${z}`)
```

ここで問題になるのは、構造体のメモリー上でのデータ表現です。上記の例ではA型のオブジェクトは次のようなルールで表現されています。

- x属性、y属性、z属性の順で属性値がメモリー上に並んで保存されています
- バイトオーダーはリトルエンディアンです
- 属性値以外のデータはメモリー上に保存されません

関数を呼び出す側と呼び出される側の両方が、上記の3つのルールに従っている場合にのみhash()関数は期待する結果を返します。しかし、上記のルールが守られる保証はどこにもありません。Wasmの仕様は構造を持つデータのデータ表現を定義していないためです。そのため、コンパイラーやビルド時の設定によっては、属性値がx、z、yの順で保存されていることを期待するWasmファイルが出力されることもあります。

上記のJavaScriptを実行すると、次のように表示されます。

```
x = 1, y = 3, z = 2
```

z属性の値と、get_z()関数が返す値が異なっています。これは上記の条件のうち、1つめの条件が成立していないためです。

1つめの条件を成立させるためには、次のようにA型をC言語と同じようにメモリー上に表現するように指定する必要があります。

```
#[repr(C)]
pub struct A {
    x: u32,
    y: u8,
    z: u16,
}
```

2.4.4 コンポーネントモデル

前述したデータ表現に関する問題は、Wasmのユースケースが単純であったり小規模であったりする場合は問題になりませんでした。Wasmファイルの作成者と利用者の間でコミュニケーションによって合意すれば回避できる問題ですし、Wasmファイルを作成するプログラミング言語やツールが少数であれば、使っているツールに合わせれば良いからです。

しかしWasmが登場してから時間が経つにつれ、Wasmが利用されるプロジェクトが巨大化、複雑化してきました。そのようなプロジェクトでは、複数のWasmファイルを利用することや、あるWasmモジュールがエクスポートする関数を別のWasmモジュールのインポートに指定することも珍しくなくなりました。

また、Wasmをビルドターゲットとして指定できるビルドツールも増えてき結果、ひとつひとつのWasmファイルがそれぞれ異なるプログラミング言語で書かれたソースコードから作成されているということも起こるようになりました。その結果、以前は問題になることの少なかったデータ表現の問題が顕在化しやすくなりました。

複数のWasmモジュールを組み合わせて利用する場合、データ表現を含めて以下の点が問題になってきました。

- データ表現
- 関数呼び出し規約

- メモリー管理
- 例外処理
- 開発体験

以上の問題を解決するために、いくつかの仕様が提案されました。ただ、それぞれの問題が絡みついていたため個別に進めることが難しく、大きな進展がないまま数年が過ぎました。そんな中、上記の問題をまとめて解決するためコンポーネントモデルの仕様が提案されました。コンポーネントモデルは上記の問題を解決するために、以下の3つの仕様を取りまとめる仕様として提案されています。たとえばデータ表現の問題はABIを定義することで解決が図られています。

- Application Binary Interface（ABI）
- インターフェース定義言語（IDL）
- バイナリーフォーマット

コンポーネントモデルはFeature proposal Phaseにある仕様（執筆時）ですが、広く受け入れられているように思います。Rustで書かれたソースコードをWasmコンポーネント（コンポーネントモデルに従って作成されたWasmファイル）としてビルドするツールも公開されていますし、作成されたWasmコンポーネントを実行するためのクレートやCLIツールも提供されています。

なお前述したA構造体を操作するRustのプログラムは、ビルドしてWasmコンポーネントを出力できます。出力されたWasmコンポーネントを処理することで、前述したA構造体の各属性の値を得るJavaScriptのプログラムは、次のように簡潔に書くことができます。

```
import {dealWithA} from './transpiled/a.js';

const a = {
  x: 1,
  y: 2,
  z: 3
};
const x = dealWithA.getX(a); // get_xをJavaScriptでラップした関数
const y = dealWithA.getY(a); // get_yをJavaScriptでラップした関数
const z = dealWithA.getZ(a); // get_zをJavaScriptでラップした関数

console.log(`x = ${x}, y = ${y}, z = ${z}`);
```

./transpiled/a.jsはA構造体を含むコードをビルドして得られたWasmファイルを、次のようにプログラムで処理して得られたJavaScriptモジュールです。

```
# npmコマンドを利用して、jcoというツールをインストールします
$ npm -i @bytecodealliance/jco

# インストールされたjcoコマンドを利用して、a.wasmを変換し、結果を./transpiledに出力します
$ jco transpile target/wasm32-wasip1/release/a.wasm -o ./transpiled
```

内部にはWasmファイルのロードとインスタンス化をしたり、引数に指定されたJavaScriptのオブジェクトをWasmコンポーネントの提供する関数に合わせた形へ変換したりするグルーコードなどが含まれます。

またコンポーネントモデルを前提として議論されている仕様も出てきています。前述したシステムインターフェースに関する仕様であるWASIは、システムインターフェースの実装をWasmコンポーネントの一種として定義しています。執筆時点で、WASIはプレビュー2が策定されています。プレビュー1の時点ではコンポーネントモデルを前提としていませんでしたが、プレビュー2からはコンポーネントモデルを前提としています。執筆時点ではさらにWASIプレビュー3の議論が進んでいます。プレビュー3がそのままWASIのバージョン1として標準化される予定です。プレビュー3もコンポーネントモデルを前提にしています。

2.5 まとめ

この章ではWasmについて、その特徴と利用例について説明しました。利用例では、次の2つの特徴を上手に活かしたものを紹介しました。

- Wasmはビルドターゲットであること
- 作成元が信用できないコードも安全に実行できること

そのあと標準化のプロセスを紹介しました。WasmはMost Viable Product（MVP）と呼ばれる必要最低限の機能から始まり、徐々にできることを増やしてきたという歴史があります。

またユースケースも、Webブラウザーの中でC言語で書かれたプログラムを動かすといったものから、サーバーサイドでの利用やアプリの機能拡張といったものまで多様に、かつ複雑になってきました。

その中で複数のWasmファイルを組み合わせて動かすといった利用例も珍しくなくなってきました。そこで、データ表現の標準の不在といった、従来は問題となりにくかった点が課題となってきました。その課題を解決するための仕様として提案されているのが、コンポーネントモデルです。コンポーネントモデルを用いることで、複数のWasmファイルを組み合わせて動かすことが簡単になり、また他のプログラムに組み込んで利用するのも簡単になります。

以降の章では、コンポーネントモデルを中心に次の内容について解説します。実際に手を動かすことで、Wasmコンポーネントがどのようなものなのか、イメージをつかんでいただければ幸いです。

- Rustで書かれたプログラムをビルドしてコンポーネントモデルに従ったWasmファイルを出力する方法
- WasmコンポーネントをRustで書かれたプログラムに組み込んで利用する方法
- 複数のWasmコンポーネントを組み合わせる方法

第3章

Rustによる WebAssembly作成入門

この章ではRustを使って、コマンドラインアプリとして実行できるWebAssemblyコンポーネントを作成します。

3.1 RustによるWasmコンポーネント作成の流れ

この章ではRustを使ってWebAssemblyコンポーネント（Wasmコンポーネント）を作成します。Wasmコンポーネントは次の2種類に大別できます。

- コマンドラインアプリケーション（以下CLIアプリ）として実行可能なもの
- 他のプログラムの一部として動くもの

ちょうどRustのバイナリークレートとライブラリークレートのような分類になります。言うなればバイナリークレートが前者、ライブラリークレートが後者となるでしょうか。

開発体験も似た形になります。前者の場合は、次のような流れで開発と実行を行います。

1. バイナリークレートを作成
2. 作成したバイナリークレートを実装
3. `wasm32-wasip1`をターゲットにビルド
4. Wasmの処理系に渡して実行

これに対し、後者はライブラリークレートのように開発します。

1. ライブラリークレートを作成
2. APIを定義
3. 定義したAPIを実装

公開されたライブラリーは、他のプログラムに埋め込まれて利用されます。コンポーネントを埋め込んだプログラムは、コンポーネントの提供する関数を呼び出します。

この章では、2つのCLIアプリをWasmコンポーネントとして実装する手順について見ていきます。

3.2 cargo-componentのインストール

CLIアプリを実装するプロジェクトの作成と、Wasmをターゲットにしたビルドには`cargo-component`を利用します。これを利用することでWasmコンポーネントの作成などが簡単になります。インストールには`cargo install`コマンドを利用します。

```
$ cargo install cargo-component
    Updating crates.io index
  Downloaded cargo-component v0.15.0
# cargo-componentが利用するクレートのダウロードとビルドが行われます
# それらのメッセージは省略します
   Installed package `cargo-component v0.15.0` (executable `cargo-component`)
```

3.3 Hello, world!

CLIアプリとして実行できるWasmコンポーネントを作成するためには、次のツールが必要となります。インストール方法は、「はじめに」を参照してください。

- Rustの開発ツール（`rustc`と`cargo`コマンド）
- Visual Studio Codeに代表されるテキストエディター、もしくは統合開発環境（IDE）

3.3.1 cargo componentの利用

`cargo component new`コマンドを用いて、Rustのプロジェクトフォルダーを作成します。

```
$ cargo component new hello-wasi-cli
     Created binary (application) `hello-wasi-cli` package
     Updated manifest of package `hello-wasi-cli`
```

```
   Generated source file `src/main.rs`
```

ここではhello-wasi-cliという名前でプロジェクトフォルダーを作成します。
作成されたプロジェクトフォルダーは、次のような構造をしています。

```
hello-wasi-cli
├── Cargo.lock
├── Cargo.toml
└── src
    └── main.rs
```

Rustのバイナリークレートと同様の構造であることがわかります。src/main.rsは、次のようになっています。

```
#[allow(warnings)]
mod bindings;

fn main() {
    println!("Hello, world!");
}
```

"Hello, world!"を出力するようmain()関数が定義されています。

cargo componentコマンドとは

プロジェクトフォルダーの作成に利用したcargo-componentコマンドは、**表3.1**のようなサブコマンドを持ちます。

表3.1　cargo componentコマンドの代表的なサブコマンド

サブコマンド	役割
new	Wasmコンポーネント作成用のRustプロジェクトを作成します
build	Wasmコンポーネントをビルドします
publish	作成したWasmコンポーネントをレジストリーに公開します
help	ヘルプを表示します

プロジェクトの作成を行うnewサブコマンドや、プロジェクトをビルドするbuildサブコマンドなど、cargo componentは、Rustのクレート開発フローで利用するコマンドを、サブコマンドとして利用できるようになっています。また多くのサブコマンドは、cargoで利用でき

るコマンドラインオプションをそのまま利用できます。次の例では、--targetオプションと-rオプションを指定して、buildサブコマンドを実行しています。

```
$ cargo component build -r --target wasm32-wasip1
```

作成したプロジェクトのビルド

buildサブコマンドを実行することで、Wasmコンポーネントをビルドします。

```
# プロジェクトフォルダーが作業ディレクトリーであることを確認します
$ pwd
/somewhere/hello-world-cli

# buildサブコマンドでコンポーネントをビルドします
$ cargo component build
  Generating bindings for hello-wasi-cli (src/bindings.rs)
   Compiling wit-bindgen-rt v0.24.0
   Compiling bitflags v2.5.0
   Compiling hello-wasi-cli v0.1.0 (/somewhere/hello-wasi-cli)
    Finished dev [unoptimized + debuginfo] target(s) in 6.67s
    Creating component target/wasm32-wasip1/debug/hello-wasi-cli.wasm
```

出力されたメッセージの最終行にあるように、ビルドされたコンポーネントはプロジェクトフォルダー内のtarget/wasm32-wasip1/debugフォルダーに出力されます[注3.1]。

出力されるコンポーネントのファイル名は、Cargo.tomlのpackage.name属性の値から決定されます。

```
[package]
name = "hello-wasi-cli" # hello-wasi-cli.wasmが出力されます
```

作成したコンポーネントの実行

Wasmコンポーネントを実行するためにはWasm処理系が必要です。本書ではWasmtimeをWasm処理系として利用します。Wasmtimeは指定されたWasmコンポーネントをコンパイルし、実行します。

注3.1　デバッグ版ビルドはリリース版ビルド（-rオプション）と異なり、最適化はされません。

```
# Wasmtimeのインストール
$ cargo install wasmtime-cli
#（中略）
Installed package `wasmtime-cli v16.0.0` (executable `wasmtime`)
$ wasmtime target/wasm32-wasip1/debug/hello-wasi-cli.wasm
Hello, world!
```

上記のコマンドは、ビルドしたWasmコンポーネントを実行しています。`src/main.rs`にあるとおり、`"Hello, world!"`と出力されます。

3.3.2 ライブラリークレートの利用

通常のRustのプロジェクト同様、Wasmコンポーネント向けのプロジェクトでもcrates.ioに公開されているクレートを利用できます。例として`ferris-says`クレートを利用します。

依存するクレートリストの追加

通常のRustプロジェクトと同様に、プロジェクトでクレートを利用するためには、そのクレートを依存するクレートのリストに追加します。追加は、次のように`cargo add`コマンドで行います。

```
$ cargo add ferris-says
    Updating crates.io index
      Adding ferris-says v0.3.1 to dependencies.
             Features:
             - clippy
    Updating crates.io index
```

なお依存するクレートのリストに追加することを、依存関係に追加すると表現することもあります。

`cargo component add`というコマンドもありますが、このコマンドではクレートを依存関係に追加できません。クレートを追加しようとすると、次のようなエラーが発生します。

```
$ cargo component add ferris-says
error: invalid value 'ferris-says' for '<PACKAGE>': invalid package name `ferris-says`: expected
format is `<namespace>:<name>`

For more information, try '--help'.
```

ferris-saysクレートを利用

src/main.rsを変更し、依存関係に追加されたferris-saysクレートを利用します。具体的には、次のように定義されているferris_says::sayを呼び出します。

```
pub fn say<W>(input: &str, max_width: usize, writer: W) -> Result<()>where
    W: Write,
```

変更手順は次のとおりです。

1. src/main.rsをエディターで開きます
2. println!マクロの呼び出しを削除し、ferris_says::say()関数の呼び出しに置き換えます
   - 第1引数には"Hello, world!"を指定します
   - 第2引数には80を指定します
   - 第3引数には&mut std::io::stdout()を指します
3. ferris_says::say関数はstd::io::Result<()>型を返すので、if let式で、エラーハンドリングを行います

ソースコードの変更後の例は**リスト3.1**のようになります。

リスト3.1 src/main.rsにferris-saysクレートを利用する実装を追加

```
use ferris_says::say;

#[allow(warnings)]
mod bindings;

fn main() {
    if let Err(e) = say("Hello, world!", 80, &mut std::io::stdout()){
        println!("{e}");
    }
}
```

ビルドと実行

cargo component buildコマンドでビルドし、wasmtimeを使って実行します。実行するとカニのアスキーアートとともに、Hello, world!と出力されます。

```
# Wasmコンポーネントをビルドします
$ cargo component build
   Compiling hello-wasi-cli v0.1.0 (/somewhere/hello-wasi-cli)
    Finished dev [unoptimized + debuginfo] target(s) in 0.36s
    Creating component target/wasm32-wasip1/debug/hello-wasi-cli.wasm
chikoski@beta hello-wasi-cli % !was
wasmtime target/wasm32-wasip1/debug/hello-wasi-cli.wasm

# ビルドされたコンポーネントを実行します
$ wasmtime target/wasm32-wasip1/debug/hello-wasi-cli.wasm
 ---------------
< Hello, world! >
 ---------------
        \
         \
            _~^~^~_
        \) /  o o  \ (/
          '_   -   _'
          / '-----' \
```

◆ ◆ ◆

この節のまとめです。

- cargo componentコマンドを利用して、プロジェクトの作成とビルドを行います
- Wasmtimeを利用して、ビルドしたWasmコンポーネントを実行しました
- crates.ioで公開されているクレートを使ったRustのプログラムを、Wasmコンポーネントにビルドできます

3.4 grepコマンドクローンを作ろう

LinuxやmacOSには`grep`というコマンドが用意されています。このコマンドは指定されたパターンにマッチする行を検索して、出力します。

たとえば、3.3.1節で作成した`hello-wasi-cli`プロジェクトのソースコードから`Hello`を含

む行を抜き出すには、次のようにgrepコマンドを実行します。

```
$ grep Hello hello-wasi-cli/src/main.rs
    if let Err(e) = say("Hello, world!", 80, &mut std::io::stdout()){
```

この節ではgrepコマンドのような振る舞いをするプログラムを作成し、それをWasmコンポーネントにビルドします。

3.4.1 プロジェクトフォルダーの作成

cargo componentコマンドを使って、新しくmy-grepプロジェクトを作成します。

```
# cargo componentコマンドを使ってプロジェクトフォルダーを作成します
$ cargo component new my-grep
     Created binary (application) `my-grep` package
     Updated manifest of package `my-grep`
   Generated source file `src/main.rs`
```

以下、次の手順で開発を進めます。

1. クレートを依存関係に追加します
2. コマンドライン引数を宣言的に処理します
3. ファイルを読み込みます

3.4.2 依存関係の追加

依存関係にclapクレートとanyhowクレートを追加します。clapクレートはコマンドライン引数の処理を行うためのクレートで、anyhowはさまざまな種類のエラーを統一的に扱うためのクレートです。

```
$ cargo add clap --features derive
$ cargo add anyhow
```

deriveマクロを使ってコマンドライン引数と、構造体の属性とを対応づけるために、deriveフィーチャーを有効にしています。

3.4.3 コマンドライン引数の宣言

my-grepコマンドは**表3.2**の2つの引数を必要するコマンドとします。

表3.2 my-grepコマンドの引数

コマンドライン引数	説明
pattern	探すべきパターンを表した文字列
file_name	パターンを含む行を検索するファイル名

clap::Parserトレイトを、deriveマクロを使って構造体に実装することで、コマンドライン引数を宣言的に記述できます。上記の2引数を取得する構造体は、**リスト3.2**のように定義できます。

リスト3.2 Cli構造体

```
use clap::Parser;

#[allow(warnings)]
mod bindings;

// clap::ParserトレイトとDebugトレイトをCli構造体に実装します
#[derive(Debug, Parser)]
struct Cli {
    pattern: String,
    file_name: String,
}
```

clap::Parserトレイトを実装することで、parse()関数がCli構造体に関連関数として追加されます。この関数は、コマンドライン引数を解釈し、Cliオブジェクトを返します。

コマンドライン引数が解釈できたことを確認するコードは、**リスト3.3**のようになります。

リスト3.3 コマンドライン引数が解釈できたことを確認するコード

```
use clap::Parser;

#[allow(warnings)]
mod bindings;

#[derive(Debug, Parser)]
struct Cli {
    pattern: String,
    file_name: String,
}
```

```
fn main() {
    // コマンドライン引数を解釈し、Cliオブジェクトを作成します
    let cli = Cli::parse();
    // 作成したCliオブジェクトの値をデバッグ出力します
    println!("{cli:?}");
}
```

上記のプログラムをビルドします。ビルドにはcargo component buildコマンドを利用します。

```
$ cargo component build
   Compiling proc-macro2 v1.0.81
   Compiling unicode-ident v1.0.12
   Compiling utf8parse v0.2.1
   Compiling is_terminal_polyfill v1.70.0
# その他のクレートがビルドされます
   Compiling my-grep v0.1.0 (/somewhere/my-grep)
 Finished dev [unoptimized + debuginfo] target(s) in 4.71s
    Creating component target/wasm32-wasip1/debug/my-grep.wasm
```

ビルドされたWasmコンポーネントを、次のように実行します。

```
$ wasmtime target/wasm32-wasip1/debug/my-grep.wasm foo var
Cli { pattern: "foo", file_name: "var" }
```

入力したコマンドライン引数が解析され、Cliオブジェクトのpattern属性にはfooが、file_name属性にはvarが束縛されていることが確認できます。

3.4.4 ファイルの読み込み

cli.file_nameに指定されたファイルを、次の手順で読み込みます。

1. ファイルをオープンして、Fileオブジェクトを作成します
2. 作成したFileオブジェクトをパラメーターにBufReader::newを呼び、BufReaderオブジェクトを作成します
3. 作成したBufReaderオブジェクトのlinesメソッドを呼んで、ファイルを1行ずつ読み込みます

上記の内容をstart()関数として実装した例が、**リスト 3.4**のスニペットとなります。

リスト 3.4　start()関数

```
fn start(cli: Cli) -> anyhow::Result<()> {
    let file = File::open(&cli.file_name)?;
    let reader = BufReader::new(file);
    for line in reader.lines() {
        // lineはResult<String, Error>型の値が束縛されています
        // 下記のように再束縛することで、文字列型の値として扱えるようになります
        let line = line?;
        println!("{line}");
    }
    Ok(())
}
```

ファイルを操作する関数は失敗する可能性があります。たとえば、File::open()関数は、存在しないファイルや読む権限のないファイルをパラメーターに指定された場合に失敗します。早期リターンを使って、コードを読みやすくするために、独立した関数としました。

main()関数からstart()関数を呼び出し、指定されたファイルの内容を1行ずつ出力するようにプログラムを変更します（**リスト 3.5**）。

リスト 3.5　リスト 3.4を呼び出して処理するようリスト 3.3を変更

```
use clap::Parser;
use std::fs::File;
use std::io::{BufRead, BufReader};

#[allow(warnings)]
mod bindings;

#[derive(Debug, Parser)]
struct Cli {
    pattern: String,
    file_name: String,
}

fn start(cli: Cli) -> anyhow::Result<()> {
    let file = File::open(&cli.file_name)?;
    let reader = BufReader::new(file);
    for line in reader.lines() {
        let line = line?;
        println!("{line}");
    }
    Ok(())
}

fn main() {
    let cli = Cli::parse();
```

```
    if let Err(e) = start(cli) {
        println!("Error: {e}")
    }
}
```


3.4.5 サンドボックス化された実行環境

前節で作成したプログラムをビルドし、実行すると、第2引数に指定されたファイルが1行ずつ表示されることが期待されます。

```
$ cargo component build
# 第1引数は処理に影響を与えません。ただ引数の解析の関係で、指定が必要です。以下では"file"を指定します
$ wasmtime target/wasm32-wasip1/debug/my-grep.wasm file src/main.rs
Error: failed to find a pre-opened file descriptor through which "src/main.rs" could be opened
```

実行すると、エラーメッセージにあるように、src/main.rsが見つかりません。src/main.rsは、lsコマンドで存在することが確認できます。

```
$ ls src/main.rs
src/main.rs
```

またcargo runコマンドを使って、作成したプログラムをネイティブコードとしてビルドし、実行すると期待どおり動作します。

```
$ cargo run file src/main.rs
# ビルドメッセージが出力されます

# そのあと、src/main.rsの内容が表示されます
fn main() {
    let cli = Cli::parse();
    if let Err(e) = start(cli) {
        println!("Error: {e}")
    }
}
```

このエラーは、WasmtimeがWasmコンポーネントをシェルが実行される環境から隔離された環境で実行させるために発生しています。第2章でも解説しましたが、このような隔離された実行環境のことをサンドボックスと呼びます。

Wasmtimeの提供するサンドボックスでは、シェルとは異なるファイルシステムツリーが提供されます。つまりシェルからは存在が確認できるファイルも、Wasmtime上で動作するWasmコンポーネントからは存在しないものとして扱われます。

ファイルやフォルダーをWasmコンポーネントからアクセス可能にするには、`--dir`オプションを使ってアクセスできるフォルダーを明示します。下記の例では、作業ディレクトリーをWasmコンポーネントからアクセスできるように設定しています。

```
$ wasmtime --dir . target/wasm32-wasip1/debug/my-grep.wasm file src/main.rs
# src/main.rsの内容が表示されます
fn main() {
    let cli = Cli::parse();
    if let Err(e) = start(cli) {
        println!("Error: {e}")
    }
}
```

3.4.6 指定したパターンにマッチする行のみ出力

コマンドライン引数で指定したパターンにマッチする行のみ出力するように、作成したプログラムを変更します。

パターンのマッチの実現方法はいくつかありますが、今回は指定された文字列を含む行を出力する形で実装します（**リスト3.6**）。

リスト3.6　start()関数を変更

```
fn start(cli: Cli) -> anyhow::Result<()> {
    let file = File::open(&cli.file_name)?;
    let reader = BufReader::new(file);
    for line in reader.lines() {
        let line = line?;
        // cli.patternがコマンドライン引数で指定したパターンを文字列として束縛しています
        // この値と、line.contains()メソッドを利用することで、
        // 指定された文字列を含む行かどうかを判定できます
        if line.contains(&cli.pattern) {
            println!("{line}");
        }
    }
    Ok(())
}
```

ビルドして実行すると、期待した動作をしていることが確認できます。

```
$ cargo component build
# ビルドメッセージが出力されます

# "file"という文字列を含む行が出力されます
$ wasmtime --dir . target/wasm32-wasip1/debug/my-grep.wasm file src/main.rs
    file_name: String,
    let file = File::open(&cli.file_name)?;
    let reader = BufReader::new(file);
```

◆ ◆ ◆

この節のまとめです。

- Wasmコンポーネントからファイルを操作できます
- WasmtimeはWasmコンポーネントをサンドボックス内で動作させます
- `--dir`オプションを利用することで、フォルダーをサンドボックス内に露出させることができます

Wasmtimeの提供するサンドボックスでは、さまざまなシステムリソースがWasmtimeの動作している環境から切り離されて提供されます。ファイルシステム以外の代表例は次のようになります。

- 設定されている環境変数と、その値
- ソケットの状態
- Wasmコンポーネントの使用するメモリー空間

たとえば次のプログラムを`cargo run`コマンドで実行した場合と、Wasmコンポーネントとして実行した場合とでは結果が変わります。

```
use std::env;

fn main() {
    for (key, value) in env::vars() {
        println!("{}: {}", key, value);
    }
}
```

ネイティブで実行した場合は、次のように設定されている環境変数とその値が出力され

ます。

```
$ cargo run
   Compiling process-list v0.1.0 (/somewhere/env-value-list)
    Finished dev [unoptimized + debuginfo] target(s) in 0.95s
     Running `target/debug/env-value-list`
CARGO: /somewhere-rust-is-installed/bin/cargo
CARGO_HOME: /somewhere/.cargo
CARGO_MANIFEST_DIR: /somewhere/env-value-list
# 以下、省略
```

同じプログラムからビルドしたWasmコンポーネントをWasmtimeで実行した場合は、次のようになります。

```
$ wasmtime target/wasm32-wasip1/debug/process-list.wasm

# 何も環境変数が設定されていないことがわかります
```

3.5 まとめ

この章では2つのCLIアプリを作成しました。

- Hello, world
- grepクローン

どちらもRustのバイナリークレートとして作成し、`cargo component`コマンドを利用してビルドします。ビルドして作成されたWasmコンポーネントは、`wasmtime`コマンドを利用して実行しました。

作成した2つのCLIアプリは、標準出力やファイルからの入力といったOSの提供する機能を利用していますが、WasmコンポーネントはOSの持っている資源に直接アクセスしているわけではありません。あくまで実行環境が提供しているサンドボックスの許可の範囲内でファイル操作や、ターミナルへの出力を行っています。

この章で実装した2つのプログラムは、プログラムとして完結しています。つまり他のプログラムに組み込まなくても実行できます。一方、Rustにおけるライブラリークレートのように、他のプログラムに組み込まれて動くプログラムもあります。次の章では、ライブラリーのように他のプログラムに組み込まれて利用されるWasmコンポーネントの作成方法と、その利用方法について述べます。

第 4 章

他のプログラムから利用されるWasmコンポーネント

この章ではRustのクレートのように、他のプログラムから利用されるWasmコンポーネント（ライブラリーコンポーネント）を作成します。WebAssembly Interface Type（WIT）と呼ばれるインターフェース定義言語を使ってインターフェースを定義したあと、その定義に従って生成されるコードを利用することで、効率よくWasmコンポーネントを作成できます。また作成したWasmコンポーネントの利用方法についても説明します。

4.1 ライブラリーコンポーネント向けのプロジェクト作成

cargo component newコマンドに--libオプションを付けることで、ライブラリーコンポーネント向けのプロジェクトを作成できます。今回はgreetという名前でプロジェクトを作成します。

```
$ cargo component new --lib greet
     Created library `greet` package
     Updated manifest of package `greet`
   Generated source file `src/lib.rs`
```

作成されたgreetプロジェクトフォルダーは、次のようになっています。

```
greet
 ├──── Cargo.lock
 ├──── Cargo.toml
 ├──── src
 │    └──── lib.rs
 └──── wit
     └──── world.wit
```

witというサブフォルダーがある点が、Rustのライブラリークレート作成用のプロジェクトフォルダーと異なっています。witフォルダーには、WITで記述したインターフェース定義が.witファイルという形で保存されます。

4.2 WIT入門

作成するライブラリーコンポーネントは、**表4.1**の2つの関数を提供することとします。

表4.1 ライブラリーコンポーネントが提供する関数

名前	パラメーターの型	返り値の型
name	なし	文字列
greet	文字列	文字列

「作成するライブラリーコンポーネントは、上記2つの関数を持つ」という制約を、ライブラリーコンポーネントのインターフェースをWITで定義することで実現します。インターフェース定義はwit/world.witに記述します。

4.2.1 WITによるインターフェース定義

前述したとおり、WITとはインターフェースを定義する言語です。上記2つの関数を持つインターフェースは、**リスト4.1**のように定義できます。

リスト4.1 2つの関数を持つインターフェースの定義

```
interface greetable {
    name: func() -> string;
    greet: func(name: string) -> string;
}
```

interfaceキーワードでインターフェース定義を行います。キーワードに続く名前がインターフェースの名前です。上記の場合は、greetableという名前のインターフェースを定義します。

名前に続く{と}の間に、インターフェースの提供する関数と関数定義で利用するデータ型を定義します。関数定義の場合、次の書式で定義します。

```
関数名: func(引数のリスト) -> 返り値の型;
```

上記のgreetableインターフェースには、nameとgreetの2関数が定義されています。

関数が受け取るパラメーターは名前付きの引数を列挙する形で記述されます。それぞれの引数は、名前とデータ型を:でつなぐ形で記述します。

->のあとに関数の返り値の型を列挙します。nameとgreetはどちらもstring型の値を返します。

以上をふまえて、greetableインターフェースの関数定義をまとめると**表4.2**のようになります。

表4.2 greetableインターフェースの関数定義

WITの記述	関数名	引数の名前と型	返り値の型
`name: func() -> string;`	name	引数なし	string
`greet: func(name: string) -> string;`	name	string型の値name	string

4.2.2 ワールド：コンポーネントの定義

リスト4.1のインターフェースの定義を使って、コンポーネントを定義します。コンポーネントの定義のことを、WITではワールドと呼びます。greetableインターフェースを実装するワールドは、次のように定義できます。

```
world greetable-provider {
    export greetable;
}
```

インターフェースと同様に、ワールドもキーワードworldに続いて名前を書くことでワールドの名前を定めます。上記の場合はgreetable-providerというワールドを定めています。

ワールドが実装するインターフェースはexport要素として記述します。exportキーワードに続いて実装するインターフェース名を記述することで、そのワールドは記述されたインターフェースを実装することを意味するようになります。上記の例では、greetable-providerワールドはgreetableインターフェースを実装することを定めています。

4.2.3 パッケージ名

インターフェースやワールドを定義するWITファイルは、パッケージ名の宣言から始まります。パッケージ名は作成するワールドやインターフェースの識別子として使われます。

パッケージ名の宣言を含むwit/world.witは、**リスト4.2**のようになります。

リスト4.2 wit/world.wit

```
package your-namespace:greet;

interface greetable {
    name: func() -> string;
    greet: func(name: string) -> string;
}
```

```
world greetable-provider {
    export greetable;
}
```

1行目のyour-namespace:greet;がパッケージ名の宣言となります。パッケージ名の宣言は、package ネームスペース:パッケージID;という形式で記述されます。ライブラリーコンポーネントは、後述するパッケージレジストリーと呼ばれるパッケージ配布サイトを通じて配布されます。ネームスペースは、レジストリーのユーザー名や組織名であることが想定されています。パッケージIDは、そのネームスペースでユニークな名前となっています。

上記のパッケージ宣言がpackage chikoski:greet;となっていた場合、chikoskiというユーザーが配布するgreetパッケージという意味となります。

なお、作成したgreetableインターフェースの識別子は、your-namespace:greet/greetableとなります。これはパッケージ宣言に指定したネームスペースとパッケージID、そしてインターフェース名から、次のように決まります。

```
<ネームスペース>:<パッケージID>/<インターフェース名>
```

ワールドの識別子も同様にネームスペースと、パッケージID、ワールド名から決まります。

```
<ネームスペース>:<パッケージID>/<ワールド名>
```

> 本書ではワールドやインターフェースの所属するパッケージが明確な場合、パッケージ名を省略します。たとえば、your-namespace:greetパッケージに所属していることが明確な場合、your-namespace:greet/greetableインターフェースは、パッケージ名を省略してgreetableインターフェースと記述します。

4.3 ワールドの実装

プロジェクトフォルダー作成時に、Rustのソースコードも併せて作成されます。作成されたsrc/lib.rsは**リスト4.3**のようになっています。

リスト4.3 cargo componet new --libコマンドで作成されたsrc/lib.rs

```
#[allow(warnings)]
mod bindings;

use bindings::Guest;

struct Component;

impl Guest for Component {
    /// Say hello!
    fn hello_world() -> String {
        "Hello, World!".to_string()
    }
}

bindings::export!(Component with_types_in bindings);
```

ソースコードを眺めると、cargo new --libコマンドで作成したものとは、まったく異なっていることがわかります。

まず、存在しないbindingsというモジュールを定義しています。mod bindings;とsrc/lib.rsに記述されている場合、src/bindings.rsが存在することが期待されます。しかし、該当するファイルは存在しません。

```
# greetのプロジェクトフォルダーが作業フォルダーであることを確認します
$ pwd
/somewhere/greet

# src/bindings.rsが存在しないことが確認できます
$ ls src/bindings.rs
src/bindings.rs": No such file or directory (os error 2)
```

またbindings::Guestというトレイトを実装している点や、bindings::export!というマクロを実行している点も気になります。

実はsrc/bindings.rsは、cargo component buildコマンドによってwit/world.witの定義から生成されます。次のようにcargo component buildコマンドを実行すると、最初にsrc/bindings.rsが生成されることがわかります。

```
# greetのプロジェクトフォルダーが作業フォルダーであることを確認します
$ pwd
/somewhere/greet

# cargo component buildコマンドでビルドします
$ cargo component build
  Generating bindings for greet (src/bindings.rs)
# 以下省略します。なおビルドは失敗します。
```

生成されたsrc/bindings.rsには、ワールドの定義に従ってGuestトレイトが定義されます。WITの記述のとおり、nameとgreetの2つの関数を定義するトレイトが定義されていることがわかります。

```
pub trait
    fn name() -> _rt::String;
    fn greet(name: _rt::String) -> _rt::String;
}
```

> _rt::String型はString型のことです。

上記のトレイトを実装することで、WITの定義に従ったライブラリーコンポーネントを実装できます。

4.3.1 greetableインターフェースの実装

ワールドの定義に従って、greetableインターフェースを実装します。その前に、プロジェクトを一度ビルドします。cargo component buildコマンドを利用してプロジェクトをビルドしますが、次のようなビルドエラーが発生します。

```
# greetのプロジェクトフォルダーが作業フォルダーであることを確認します
$ pwd
/somewhere/greet

# cargo component buildコマンドでビルドします
$ cargo
  Generating bindings for greet (src/bindings.rs)
   Compiling wit-bindgen-rt v0.24.0
   Compiling bitflags v2.5.0
   Compiling greet v0.1.0 (/Users/chikoski/learn-wasm-with-rust/sample_codes/greet)
error[E0432]: unresolved import `bindings::Guest`
 --> src/lib.rs:4:5
  |
4 | use bindings::Guest;
  |     ^^^^^^^^^^^^^^^ no `Guest` in `bindings`
  |
help: consider importing this trait instead
  |
4 | use crate::bindings::exports::your_namespace::greet::greetable::Guest;
  |     ~~~~~~~~~~~~~~~~~~~~~~~~~~~~~~~~~~~~~~~~~~~~~~~~~~~~~~~~~~~~~~~~~

For more information about this error, try `rustc --explain E0432`.
error: could not compile `greet` (lib) due to 1 previous error
```

ビルドエラーを読むと、ソースコードの4行目でbindings::Guestではなく、crate::bindings::exports::your_namespace::greet::greetable::Guestを利用することを勧められています。これはテンプレートに記述されたGuestトレイトのモジュールパスと、実際に生成されたもののモジュールパスが異なるためです。

ライブラリーコンポーネントが実装することになるトレイトのモジュールパスは、WITのネームスペース、パッケージID、そしてインターフェース名から、次のように決まります。なお、ネームスペースなどに含まれる-は_に置き換えられます。

```
crate::bindings::exports::ネームスペース::パッケージID::インターフェース名::Guest
```

ビルドエラーに従って、src/lib.rsを修正します（**リスト 4.4**）。

リスト 4.4　リスト 4.3のモジュールパスを修正

```
#[allow(warnings)]
mod bindings;

use crate::bindings::exports::your_namespace::greet::greetable::Guest;

struct Component;
```

```
impl Guest for Component {
    /// Say hello!
    fn hello_world() -> String {
        "Hello, World!".to_string()
    }
}

bindings::export!(Component with_types_in bindings);
```

修正後、あらためてビルドします。そうすると別のエラーが発生します。これは期待される関数が、実装されていないためです。

```
$ cargo component build
   Compiling greet v0.1.0 (/Users/chikoski/learn-wasm-with-rust/sample_codes/greet)
error[E0407]: method `hello_world` is not a member of trait `Guest`
  --> src/lib.rs:10:5
   |
10 | /     fn hello_world() -> String {
11 | |         "Hello, World!".to_string()
12 | |     }
   | |_____^ not a member of trait `Guest`

error[E0046]: not all trait items implemented, missing: `name`, `greet`
  --> src/lib.rs:8:1
   |
8  | impl Guest for Component {
   | ^^^^^^^^^^^^^^^^^^^^^^^^ missing `name`, `greet` in implementation
   |
  ::: src/bindings.rs:64:21
   |
64 |                     fn name() -> _rt::String;
   |                     ------------------------- `name` from trait
65 |                     fn greet(name: _rt::String) -> _rt::String;
   |                     ------------------------------------------- `greet` from trait
```

実装が必要な関数は次の２つです。

- `fn name() -> String;`
- `fn greet(name: String) -> String;`

上記２つの関数をComponent構造体に実装します（**リスト 4.5**）。

リスト 4.5　リスト 4.4 に関数を実装

```
#[allow(warnings)]
mod bindings;

use crate::bindings::exports::your_namespace::greet::greetable::Guest;

struct Component;

impl Guest for Component {
    /// Say hello!
    fn name() -> String {
        "Wasm Component".to_string()
    }

    fn greet(name: String) -> String {
        format!("Hello, {}!", name)
    }
}

bindings::export!(Component with_types_in bindings);
```

以上のコードは、エラーなくビルドできます。

```
# cargo component buildコマンドでビルドします。
$ cargo component build
   Compiling greet v0.1.0 (/somewhere/sample_codes/greet)
    Finished dev [unoptimized + debuginfo] target(s) in 0.54s
    Creating component target/wasm32-wasip1/debug/greet.wasm
# エラーなくビルドされ、target/wasm32-wasip1/debug/greet.wasmに出力されました
```

この節のまとめです。

- `cargo component new --lib` コマンドで、ライブラリーを作成できます
- ライブラリーコンポーネントの開発は、まずパッケージのインターフェースをWITで定義し、そのあとRustで実装を行います
- Rustでの実装は、WITファイルの定義から生成されたクレートを実装します。クレートの定義は `src/bindings.rs` に出力されます

作成したライブラリーコンポーネントを、`wasmtime` コマンドで実行することはできません。次の節では、ライブラリーコンポーネントを利用するRustプログラムを作成します。

```
$ wasmtime target/wasm32-wasip1/debug/greet.wasm
Error: failed to run main module `target/wasm32-wasip1/debug/greet.wasm`

Caused by:
    exported instance `wasi:cli/run@0.2.0` not present
```


4.4 Wasmを実行するプログラムの作成

前節ではWITでインターフェースを定義し、その定義に従ってライブラリーコンポーネントを実装しました。しかし実装されたパッケージは、wasmtimeコマンドでは実行できませんでした。実行できなかった理由は、ライブラリーコンポーネントは他のプログラムの一部として実行されるものとして設計されているためです。

この節では、前節で作成したライブラリーコンポーネントを利用するRustプログラムを作成します。具体的には、作成したライブラリーコンポーネントが提供するname()関数と、greet()関数を呼び出すプログラムを、Rustで記述します。

なお、Wasmコンポーネントを実行するプログラムのことをホストコードと呼びます。

4.4.1 プロジェクトの作成

cargo newコマンドでプロジェクトを作成します。プロジェクト名はgreet-userとします。

```
$ cargo new greet-user
    Created binary (application) `greet-user` package
```

作成後、**表4.3**のクレートを依存関係に追加します。

表4.3　greet-userプロジェクトの依存関係

クレート名	説明
clap	コマンドライン引数の解釈に利用
anyhow	エラー処理を簡単にするために利用
wasmtime	Wasmを実行する処理系

次のようにcargo addコマンドを実行して、クレートを依存関係に追加します。clapクレートをderiveマクロと一緒に利用するため、clapクレートのderiveフィーチャーを有効にするのを忘れないでください。

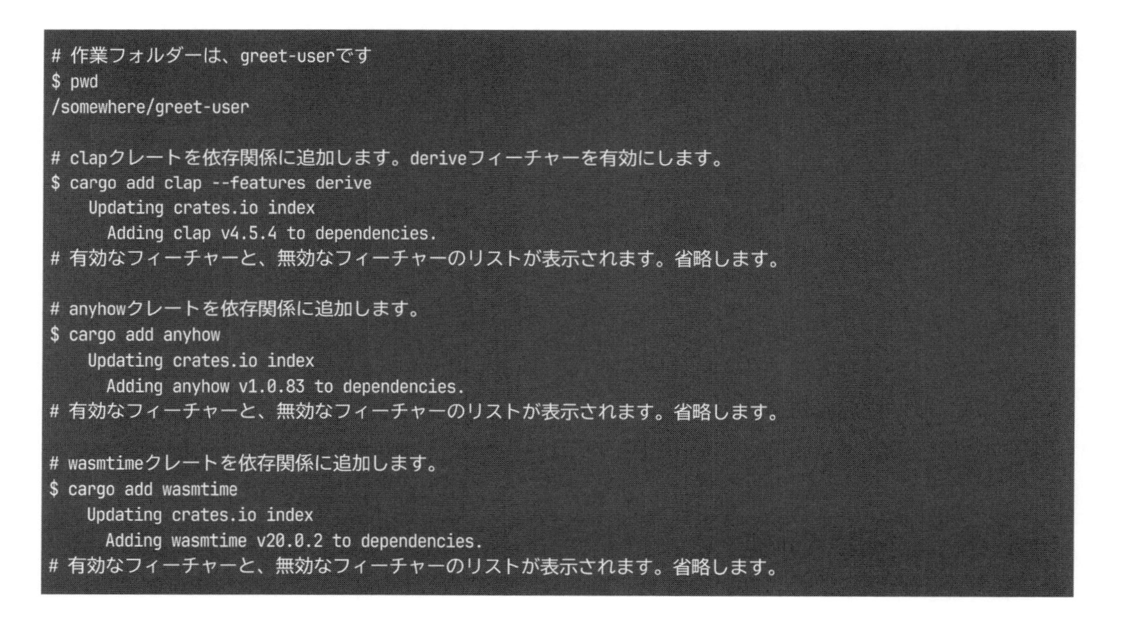

```
# 作業フォルダーは、greet-userです
$ pwd
/somewhere/greet-user

# clapクレートを依存関係に追加します。deriveフィーチャーを有効にします。
$ cargo add clap --features derive
    Updating crates.io index
      Adding clap v4.5.4 to dependencies.
# 有効なフィーチャーと、無効なフィーチャーのリストが表示されます。省略します。

# anyhowクレートを依存関係に追加します。
$ cargo add anyhow
    Updating crates.io index
      Adding anyhow v1.0.83 to dependencies.
# 有効なフィーチャーと、無効なフィーチャーのリストが表示されます。省略します。

# wasmtimeクレートを依存関係に追加します。
$ cargo add wasmtime
    Updating crates.io index
      Adding wasmtime v20.0.2 to dependencies.
# 有効なフィーチャーと、無効なフィーチャーのリストが表示されます。省略します。
```

4.4.2 ライブラリーコンポーネントの利用

ライブラリーコンポーネントを読み込み、実行するまでの流れは以下のようになります。

1. コマンドライン引数を解釈して、読み込むWasmファイルのパスを取得します
2. Wasmファイルを読み込み、Wasmコンポーネントオブジェクトを作成します
3. 作成したWasmコンポーネントオブジェクトのインスタンスを作成します

4. 作成されたインスタンスから、name()関数とgreet()関数への参照を取得します
5. 取得した参照を利用して、ライブラリーコンポーネントの提供する関数を呼び出します

この節では上記の各ステップを順に実装します。なお作成したgreet-userプロジェクトは、次のフォルダー構成をしています。

```
greet-user
├──── Cargo.lock
├──── Cargo.toml
└──── src
    └──── main.rs
```

◯コマンドライン引数の解釈

第3章の3.4節で行ったように、コマンドライン引数の解釈結果を保持する構造体を定義し、deriveマクロを使ってclap::Parserトレイトを実装します。下記の例では、デバッグ出力できるようにDebugトレイトも実装しています。

```
use clap::Parser;

#[derive(Parser, Debug)]
struct Args {
    wasm_file: String
}
```

main()関数を変更し、コマンドライン引数を解釈します（**リスト4.6**）。

リスト4.6 ステップ1の処理

```
fn main() {
    let args = Args::parse();
    println!("{:?}", args);
}
```

cargo run helloを実行して、args.wasm_fileの値が"hello"になっていれば成功です。

```
$ cargo run hello
# 依存しているクレートのダウンロードと、ビルドが行われます。
# 省略します
Finished dev [unoptimized + debuginfo] target(s) in 0.33s
     Running `target/debug/greet-user hello`
Args { wasm_file: "hello" }
```

```
# wasm_file属性の値が"hello"になっていることが確認できます
```

clapクレートは、自動的にヘルプメッセージも作成します。cargo run -- --helpを実行すると、作成されたヘルプメッセージが表示されます。

```
$ cargo run -- --help
# 状態によっては、ビルドが行われることがあります。省略します。

    Finished dev [unoptimized + debuginfo] target(s) in 0.33s
     Running `target/debug/greet-user --help`
Usage: greet-user <WASM_FILE>

Arguments:
  <WASM_FILE>

Options:
  -h, --help  Print help
```

> runと--helpの間の--は省略できません。これはcargo runコマンドに渡す引数と、cargo runによって実行されるプログラムに渡す引数との区切りを表します。省略するとcargo runのヘルプメッセージが表示されます。

○ start()関数の定義

上記の2から5の処理を記述する関数start()を定義します。

この関数に記述する処理にはコマンドライン引数に指定されたパスが必要です。そのためArgsオブジェクトを引数とします。

一方で、2から5の処理はいずれも失敗する可能性があります。たとえば、2つめのWasmファイルからWasmコンポーネントを作成する処理は、次のような理由で処理が失敗するかもしれません。

- 指定されたパスにファイルが存在しない
- 指定されたファイルを読み込むことができない
- Wasmファイルとは異なる種類のファイルが指定される

処理が失敗した場合、早期リターンを使うとコードが読みやすくなります。そのため、

start()関数の返り値の型を次のようにanyhow::Result<()>に設定します。anyhow::Result型を利用することで、さまざまなResult型を統一的に扱えるようになります。

```
fn start(args: Args) -> anyhow::Result<()> {
    Ok(())
}
```

main()関数からstart()関数を呼び出します。エラーが発生した場合は、エラー内容を表示することとします。

```
// Args構造体の定義があります。省略します。
fn start(args: Args) -> anyhow::Result<()>{
    Ok(())
}

fn main() {
    let args = Args::parse();

    // if let式を使ってエラー処理を行います
    if let Err(e) = start(args) {
        println!("{}", e);
    }
}
```

❍ Wasmコンポーネントのロード

Argsオブジェクトのwasm_file属性が保持するパスから、Wasmファイルをロードします。Wasmファイルのロードにはwasmtime::component::Component::from_file()関数を利用します。この関数を利用するためにはwasmtime::Engineオブジェクト（以下、Engineオブジェクト）が必要です。下記のようにstart()関数を変更し、Engineオブジェクトを作成します（**リスト4.7**）。

リスト4.7　ステップ2の処理

```
use clap::Parser;
// モジュールパスを省略するために、use宣言を追加します
use wasmtime::component::Component;
use wasmtime::Engine;

// Args構造体の定義があります。省略します

fn start(args: Args) -> anyhow::Result<()>{
    // Wasmの処理を行うEngineオブジェクトを標準の設定で作成します
```

```
    let engine = Engine::default();

    // ファイルをロードしてComponentオブジェクトを作成します
    let compnent = Component::from_file(&engine, &args.wasm_file)?;
    Ok(())
}

// main関数の定義があります。省略します
```

以上で、Wasmコンポーネントオブジェクトが作成できました。componentにはwasmtime::component::Componentオブジェクト（以下、Componentオブジェクト）が束縛されています。

Wasmインスタンスの作成

作成したComponentオブジェクトは、ファイルをWasmの仕様に従って構文解析した結果であって、そのまま実行することはできません。実行するためには、Componentオブジェクトのインスタンスを作成します。

インスタンスの作成には、4.4.2節で作成したEngineオブジェクトに加えて、wasmtime::Compnent::Linkerオブジェクト（以下、Linkerオブジェクト）とwasmtime::Storeオブジェクト（以下、Storeオブジェクト）が必要です。

Storeオブジェクトは作成されたインスタンスを保存し、その実行状態も管理します。Linkerオブジェクトは、EngineオブジェクトとComponentオブジェクト、そしてStoreオブジェクトからインスタンスを作成し、Storeオブジェクトに保存します。

start()関数にLinkerオブジェクトとStoreオブジェクトの作成、そしてComponentオブジェクトのインスタンスを作成するコードを追加します（**リスト4.8**）。

リスト4.8　ステップ3の処理

```
use clap::Parser;
// 省略のためStoreとLinkerを、このファイルの名前空間に追加します
use wasmtime::component::{Component, Linker};
use wasmtime::{Engine, Store};

// Args構造体の定義があります。省略します

fn start(args: Args) -> anyhow::Result<()>{
    let engine = Engine::default();

    let compnent = Component::from_file(&engine, &args.wasm_file)?;

    // Engineオブジェクトへの参照を与えて、Linkerオブジェクトを作成します
    let linker = Linker::new(&engine);

    // Storeオブジェクトを作成します
```

```
    // new関数の第2引数は、作成されるStoreオブジェクトのdata属性の初期値になります
    // 今回は初期値を設定する必要がないので、()を指定します
    //
    // なお、Componentオブジェクトを作成するごとにStoreオブジェクトの状態が変化します
    // そのため変数名にmut修飾子を付けています
    let mut store = Store::new(&engine, ());

    // Componentオブジェクトから、インスタンスを作成します
    // 作成されたインスタンスの型はwasmtime::component::Instanceです
    let instance = linker.instantiate(&mut store, &compnent)?;

    Ok(())
}

// main関数の定義があります。省略します
```

関数への参照の取得

4.4.2節でライブラリーコンポーネントのインスタンスを作成しました。このコンポーネントが実装するgreet関数やname関数を利用するためには、それらへの参照を持ったwasmtime::component::TypedFuncオブジェクト（以下、TypedFuncオブジェクト）を作成します。作成したTypedFuncオブジェクトのcall()メソッドを呼ぶことで、ライブラリーコンポーネントの実装を利用できます。

次の手順でTypedFuncオブジェクトを作成します。

- インスタンスに含まれるgreetableインターフェースの実装を指し示すオブジェクトを取得します
- 取得したオブジェクトを使って、greet関数とname関数を指すオブジェクトをそれぞれ取得します
- 2つの関数を指す2つのオブジェクトを使って、2つのTypedFuncオブジェクトを作成します

上記のインターフェースの実装や関数を指すオブジェクトとはwasmtime::component::CompnentExportIndexオブジェクト（以下、ComponentExportIndexオブジェクト）です。このオブジェクトは配列やVec型における添え字、HashMap型における鍵のような役割を持っています。このオブジェクトを使うことで、Wasmコンポーネントがエクスポートする関数やインターフェースの実装を指し示すことができます。

上記の3つの手順をstart()関数に追記すると、**リスト 4.9**のようになります。

リスト 4.9　ステップ４の処理

```
fn start(args: Cli) -> anyhow::Result<()>{
    let engine  Engine::default();

    let compnent = Component::from_file(&engine, &args.wasm_file)?;
    let linker = Linker::new(&engine);
    let mut store = Store::new(&engine, ());
    let instance = linker.instantiate(&mut store, &compnent)?;

    // 指定した第3引数を鍵にインスタンスがエクスポートを探索します
    // この場合は"your-namespace:greet/greetable"の実装を探します
    //
    // 返り値の型はOption<CompnentExportIndex>です
    // エラー処理を簡単にするために、unwrap()メソッドを呼んでいます
    let greetable_index = instance.get_export(
        &mut store,
        None,
        "your-namespace:greet/greetable"
    ).unwrap();

    // 取得したインターフェースの実装がエクスポートから、greetという名前のものを探します
    // 第2引数に、先ほど取得したComponentExportIndexオブジェクトを指定します
    let greet_index = instance
        .get_export(&mut store, Some(&greetable_index), "greet")
        .unwrap();

    // greet関数と同様です
    let name_index = instance.get_export(&mut store, Some(&greetable_index), "name").unwrap();

    // エクスポートされたgreet関数をラップしたオブジェクトを作成します
    // ジェネリクスには関数のパラメーターと、返り値の型をタプルで指定します
    let greet: TypedFunc<(String, ), (String, )> = instance
        .get_typed_func(&mut store, greet_index)
        .unwrap();

    // greet関数と同様の処理を行います
    // name関数はパラメーターを持たない関数なので、ジェネリクスのパラメーター部分には()を指定しています
    let name: TypedFunc<(), (String, )> = instance
        .get_typed_func(&mut store, name_index)
        .unwrap();

    Ok(())
}
```

○ 関数の呼び出し

取得した２つのTypedFuncオブジェクトを使って、name関数とgreet関数を呼び出します。Wasmコンポーネントが内部的に利用している文字列の表現と、Rustの文字列型（String型）は異なります。wasmtimeクレートはこの２つの変換を行います。そのため、コンポーネントを

利用する側はRustの文字列をそのままパラメーターとして渡したり、返り値として受け取れたりします（**リスト 4.10**）。

リスト 4.10　ステップ5の処理

```
fn start(args: Args) -> anyhow::Result<()> {
    // TypedFuncオブジェクトの作成までのコードは省略します

    // 文字列"world!"を引数に指定してgreet関数を呼びます
    // 引数の型を合わせるためにto_string()メソッドを呼んで、&str型をString型に変更します
    let argument = "world!".to_string();

    // Wasmの関数は複数の値を返すことがあるので、返り値はタプルで表現されます
    // デストラクチャーを使って1つ目の要素を取得しています
    let (return_value, ) = greet.call(&mut store, (argument, ))?;

    // Wasmコンポーネントに返り値の変換が終わったことを伝えるために、post_return()を呼びます
    // このメソッドの呼び出しは必須です
    greet.post_return(&mut store)?;

    println!("{return_value}");

    // 引数なしでname関数を呼びます
    let (returned_name, ) = name.call(&mut store, ())?;
    name.post_return(&mut store)?;

    // returned_nameを引数にgreet関数を呼びます
    let (return_value,) = greet.call(&mut store, (returned_name, ))?;
    greet.post_return(&mut store)?;

    println!("{return_value}");

    Ok(())
}
```

○ 実行結果

実装したプログラムを実行します。実行する前にgreetプロジェクトを、wasm32-unknown-unknownをターゲットにビルドします。

```
# greetプロジェクトのフォルダーに移動します
$ cd /somewhere/greet

# wasm32-unknown-unknownをターゲットにビルドします
$ cargo component build --target wasm32-unknown-unknown

# greet-userプロジェクトのフォルダーに移動します
$ cd /somewhere/greet-user
```

```
# cargo runコマンドで実行します。コマンドライン引数で、ビルドしたgreet.wasmのパスを指定します
$ cargo run /somewhere/greet/target/wasm32-unknown-unknown/debug/greet.wasm
Hello, world!
Hello, Wasm Component!
```

ターゲットを指定しない場合、cargo componentコマンドはwasm32-wasip1をターゲットにビルドします。wasm32-wasip1をターゲットにしたWasmコンポーネントを実行するためには、これまでの実装に加えて、wasm32-wasip1向けの実行環境を用意する必要があります。この節では、説明を簡単にするために実行環境の用意をしませんでした。そのため、wasm32-unknown-unknownをターゲットにビルドしたWasmコンポーネントを別途用意しています。

4.5 ライブラリーコンポーネントの利用（コード生成編）

前節ではwasmtimeクレートを使って、Wasmコンポーネントに定義された関数の呼び出しを行いました。この節では前節で作成したgreet-userプロジェクトを、WITからのコード生成を使って書き換えます。

次の手順で進めていきます。

1. ワールドの定義から、マクロを利用してコードを生成します
2. ライブラリーコンポーネントのインスタンスと、そのラッパーを作成します
3. 作成されたラッパーオブジェクトからgreetalbeインターフェースに定義された関数を利用します

4.5.1 WITからのコード生成

cargo-componentと同様に、wasmtimeクレートもWITからのコード生成を行えます。wasmtime::component::bindgenにワールドを指定すると、ビルド時にワールドの定義からライブラリーコンポーネントをラップする構造体を、メソッドとともに実装します。ワールド

の指定は**リスト 4.11**のように行います。

リスト 4.11　コード生成のためのワールドの指定

```
use clap::Parser;
use wasmtime::{Engine, Store};
// wasmtime::compnent::bindgenをファイルの名前空間に追加します
use wasmtime::component::{bindgen, Component, Instance, Linker, TypedFunc};

// ファイルの先頭でマクロを実行します
// {と}の間にコード生成のための設定を記述します
bindgen!({
    world: "greetable-provider", // コード生成を行うワールドの名前
    path: "/somewhere/greet/wit", // WITファイルが存在するフォルダーへのパス
});
```

`wasmtime::component::bindgen`マクロは、コード生成に利用するさまざまな設定を{と}の間に記述できます。たとえばワールドを明示する場合は`world`属性にワールド名を記述します。

今回はWITファイルの存在するフォルダーの位置も指定しています。これは、`wasmtime::component::bindgen`マクロが、`<プロジェクトフォルダー>/wit`からWITファイルを探すためです。今回は`greet`プロジェクトフォルダー内のWITファイルを参照するため、`path`属性でWITファイルを指定します。

4.5.2 インスタンスとラッパーオブジェクトの作成

`wasmtime::compnent::bindgen`マクロとWITファイルから、`GreetableProvider`という構造体が生成されます。この構造体のメソッドや関連関数も、併せて生成されています。これにはコンポーネントのインスタンス化を行う関数も含まれます。

`GreetableProvider::instantiate()`関数を利用することで、`Component`オブジェクトからインスタンスを作成できます。これだけでは前節と変わりがないように聞こえます。実は、この関連関数はWasmコンポーネントのインスタンスだけでなく、そのラッパーも併せて作成します。下記のコードでは、`provider`はそのラッパーオブジェクト（`GreetableProvider`オブジェクト）を束縛しています。

```
fn start(args: Args) -> anyhow::Result<()> {
    let engine = Engine::default();

    let component = Component::from_file(&engine, &args.wasm_file)?;

    let linker = Linker::new(&engine);
```

```
    let mut store = Store::new(&engine, ());
    // 以上は変更がありません

    // ロードしたライブラリーコンポーネントのインスタンスを作成します
    let provider = GreetableProvider::instantiate(&mut store, &component, &linker)?;

    Ok(())
}
```

4.5.3 生成されたラッパーオブジェクトの利用

GreetableProviderオブジェクトは、your_namespace_greet_greetableというメソッドを持っています。これはgreetableインターフェースの実装をラップしたオブジェクトの参照を返します。

返された値が参照するオブジェクトには、call_greetとcall_nameのメソッドがインターフェースの定義から生成されています。これらのメソッドを呼び出すことで、ライブラリーコンポーネントが持つgreetやname関数を呼び出せます（**リスト4.12**）。

リスト4.12 call_greetとcall_nameを通してgreet関数とname関数を呼び出す

```
fn start(args: Args) -> anyhow::Result<()> {
    let engine = Engine::default();

    let component = Component::from_file(&engine, &args.wasm_file)?;

    let linker = Linker::new(&engine);
    let mut store = Store::new(&engine, ());

    let provider = GreetableProvider::instantiate(&mut store, &component, &linker)?;

    // greetableインターフェースの実装をラップしたオブジェクト
    let greetable = provider.your_namespace_greet_greetable();

    // greet関数を呼び出します。String型の値ではなく、&strを渡す点が前節と異なります
    let message = greetable.call_greet(&mut store, "world")?;
    println!("{message}");

    // name関数を呼び出します
    let name = greetable.call_name(&mut store)?;
    let message = greetable.call_greet(&mut store, &name)?;
    println!("{message}");
    Ok(())
}
```

4.5.4　実行例

次のように、ビルドして実行します。Hello, world!とHello, Wasm Compnent!の2行が出力されます。

```
$ cargo run /somewhere/greet/target/wasm32-unknown-unknown/debug/greet.wasm
# get_greetable_functionsが利用されていないという警告が表示されます。省略します。
   Finished dev [unoptimized + debuginfo] target(s) in 2.59s
    Running `target/debug/greet-user ../greet/target/wasm32-unknown-unknown/debug/greet.wasm`
Hello, world!
Hello, Wasm Component!
```

この節のまとめです。

- wasmtime:component:bindgenマクロを使って、WITからコンポーネントインスタンスのラッパーオブジェクトの定義を自動生成できます
- 生成されたラッパーオブジェクトを利用することで、抽象度が高いやり方で、ライブラリーコンポーネントを利用できます

4.6　エクスポートについて

前節で作成したライブラリーコンポーネントは、次のように定義されたワールドを実装しました。ワールドにはエクスポートされるインターフェースのみが定義されています。

```
package your-namespace:greet;

world greetable-provider {
    export greetable;
}
```

ワールドがあるインターフェースをエクスポートするということは、そのワールドはエクスポートされたインターフェースの実装を提供するということを意味します。上記のワールド定義は、「greetable-providerの実装はgreetableインターフェースの実装を、コンポーネントを利用する側に提供すること」を意味しています。

ワールドは、任意の個数のインターフェースをエクスポートできます。仮にgreetable以外に、interface-aやinterface-bといったインターフェースが定義されているとすると、次のような3つのインターフェースをエクスポートするワールドも定義できます。

```
package your-namespace:greet;

// インターフェースの定義がありますが、省略します

world example {
    export greetable;
    export interface-a;
    export interface-b;
}
```

example.wasmがexampleワールドを実装したコンポーネントだとすると、その構造は**図4.1**のようになっています。

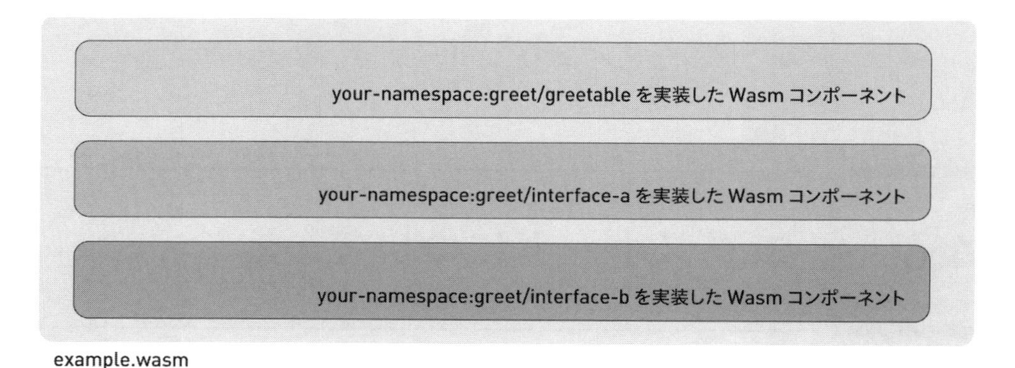

図4.1　入れ子になったコンポーネント

example.wasmでは内部で3つのWasmコンポーネントが、それぞれexampleワールドのエクスポートするインターフェースを実装しており、実装するインターフェースが定義する関数やデータ構造をエクスポートしています。たとえばgreetableインターフェースを実装しているコンポーネントは、name関数とgreet関数をエクスポートしています。

Wasmコンポーネントがインスタンス化されるとき、入れ子になっているそれぞれのコン

ポーネントも一緒にインスタンス化されます。通常は1つのコンポーネントにつき1つのインスタンスが作成されます。その結果、Wasmコンポーネントのインスタンスは他のインスタンスへの参照を持ちます。4.5.3節で行った処理は、Wasmコンポーネントの入れ子構造をたどって必要な関数の実装を探しています。

`wasmtime::component::Instance`、`wasmtime::component::Exports`、そして`wasmtime::component::ExportInstance`が関連するデータ構造です。それぞれの役割は**表4.4**のとおりです。

表4.4　関連するデータ構造

構造体	役割
wasmtime::component::Instance	Wasmコンポーネントのインスタンスを表現
wasmtime::component::Exports	Wasmコンポーネントのエクスポート記述を表現
wasmtime::component::ExportInstance	エクスポートされるインターフェースの実装を表現

ステップ4の実装では、Wasmコンポーネントの構造に従って上記のオブジェクトを順に取得しています。

```
fn get_greetable_functions(
    // instanceはwasmtime::component::Instanceオブジェクトへの参照を束縛します
    instance: &Instance,
    store: &mut Store<()>
) -> (TypedFunc<(), (String, )>, TypedFunc<(String, ), (String, )>) {

    // exportsはwasmtime::component::Exportsオブジェクトを束縛します
    let mut exports = instance.exports(store);

    // greetableはwasmtime::component::ExportInstanceオブジェクトを束縛します
    let mut greetable = exports
        .instance("your-namespace:greet/greetable")
        .unwrap();
    // 省略します
```

◆ ◆ ◆

本節のまとめです。

- WITのワールドは任意の個数のインターフェースをエクスポートできます
- 利用する側は、コンポーネントから必要なインターフェースの実装を取得します

- 発見したインターフェースの実装から関数への参照を取得し、その参照を用いてインターフェースに定義された関数を実行します

この節で説明した内容は、Wasmコンポーネントの構造を知るためには有用です。一方でWasmコンポーネントを利用した開発を行う立場からすると、いささか手間が多いようにも感じられます。次の章ではWITからのコード生成を使って、同様の処理をより簡単に、かつ抽象化された形で実現します。

4.7 まとめ

この章ではWITで記述されたインターフェース定義を利用して、2つのプログラムを作成しました。1つはWITで定義されたワールドを実装するライブラリーコンポーネント、もう1つはインターフェースの実装を利用するRustのプログラムです。どちらもWITから生成されるコードを利用しています。

この章では、Wasmコンポーネントは機能を提供する側であって、その機能を利用するのはRustのプログラムでした。これは利用したワールドにはエクスポートするインターフェースのみが定義されていたためです。

一方で、ワールドにはインポートするインターフェースも定義できます。言い換えると、Wasmコンポーネントから他のインターフェースが定義する関数を利用することもできます。次の章では、`import`キーワードを含むワールドを定義し、それを実装したライブラリーコンポーネントの実装と利用方法について説明します。

第 5 章

依存関係の解決と合成

実装を提供するインターフェースを記述するように、ワールドが利用するインターフェースを記述できます。この章ではワールドが利用するインターフェースの記述方法と、依存するインターフェースの実装の与え方について説明します。

5.1 import：依存関係の記述

前の章で扱ったワールドにはエクスポートされるインターフェースのみが記述されていました。

```
package your-namespace:greet;

// greetableインターフェースの定義は省略します

world greetable-provider {
    export greetable;
}
```

一方で、特定のインターフェースに依存するワールドも定義します。インターフェースに依存するとは、そのワールドを実装したWasmコンポーネントは内部的に依存するインターフェースに定められている機能を利用する可能性があることを意味します。このような、Wasmコンポーネント間における機能を利用する・される関係のことを、本書では依存関係と呼びます。

この節では前の章で定義した`your-namespace/greet/greetable`インターフェースに依存するワールドを定義し、それを実装します。作業は次の順に行います。

1. ワールドを`/somewhere/greet/wit`に追加します
2. `/somewhere/greet/Cargo.toml`に実装するワールドを明示します
3. ライブラリーパッケージ向けプロジェクトフォルダーを追加します
4. ワールドを実装します

5.1.1 ワールドの追加

ワールドが、あるインターフェースに依存することを、WITでは`import`キーワードを使って表現します。**リスト5.1**の`your-namespace:greet/hello-world`ワールドは、同じパッケージに定義されている`greetable`インターフェースに依存しています。

リスト 5.1 greetableインターフェースへの依存をimportで表現

```
package your-namespace:greet;

interface sayable {
    say: func () -> string;
}

world hello-world {
    import greetable;
    export sayable;
}
```

上記の定義をgreetプロジェクトのwitフォルダーにhello-world.witとして追加します。追加の手順は次のようになります。

1. /somewhere/greet/wit/hello-world.witを開きます
2. 上記の内容を記述します

> /somewhereは前の章で作成したgreetプロジェクトが配置されたフォルダーを指します。ご自身の環境に合わせて読み替えてください。

上記のhello-worldワールドは、greetableインターフェースと同じyour-namespace:greetパッケージに所属しています。そのため、パッケージIDやネームスペースを省略して依存するインターフェースを指定しています。仮に異なるパッケージに所属するインターフェースに依存する場合は、パッケージIDやネームスペースを省略せずに記述する必要があります。

```
package your-namespace:greet;

interface sayable {
    say: func () -> string;
}

world hello-world {
    import your-namespace:greet/greetable;
    export sayable;
}
```

> ネームスペースやパッケージIDを省略せずにインターフェースの識別子を記述する場合、そのインターフェースが所属するパッケージがパッケージレジストリーに公開されている必要があります。パッケージレジストリーに関しては、第6章で説明します。

5.1.2 greetプロジェクトが実装するワールドの明示

cargo componentコマンドはwitフォルダー内のWITファイルを取りまとめて処理を行います。そのおかげで別のWITファイルに記述されているインターフェース定義を参照して、ワールドを定義できます。

一方でwitフォルダー内に複数のワールドが定義されている場合は、実装するパッケージが実装するワールドをCargo.tomlに明示する必要があります。明示しない場合、次のようなビルドエラーが発生します。

```
$ cargo component build --target wasm32-unknown-unknown
error: failed to create a target world for package `greet` (/somewhere/greet/Cargo.toml)

Caused by:
    0: failed to select the default world to use for local target `/somewhere/greet/wit`
    1: multiple worlds found in package `your-namespace:greet`: one must be explicitly chosen
```

現在、/somewhere/greet/witには次の2つのワールドが定義されています。

- your-namespace:greet/greetable-provider
- your-namespace:greet/hello-world

このうち前者を実装することを、greetプロジェクトのマニフェストに明示します。明示は次の手順で行います。

1. /somewhere/greet/Cargo.tomlをエディターで開きます
2. package.metadata.component.target.world属性に実装するワールドを指定します（**リスト5.2**）

リスト 5.2 /somewhere/greet/Cargo.tomlで実装するワールドを指定

```
# package、dependencies、lib、profile.releaseといったセクションに、
# ビルドに必要な項目が設定されています
# 省略します

[package.metadata.component]
# 作成するライブラリーのパッケージIDを指定します
package = "your-namespace:greet-impl"

# package.metadata.component.targetセクションを追加します
[package.metadata.component.target]
# 追加したセクションにworld属性を追加し、実装するワールドの名前を指定します
world = "greetable-provider"

# その他の記述があります。省略します
```

ビルドして、エラーが出ないことを確認します。

```
# 最適化を行うためにリリースビルドを行います
$ cargo component build -r --target wasm32-unknown-unknown
  Generating bindings for greet (src/bindings.rs)
   Compiling wit-bindgen-rt v0.24.0
   Compiling bitflags v2.5.0
   Compiling greet v0.1.0 (/Users/chikoski/learn-wasm-with-rust/sample_codes/greet)
    Finished `release` profile [optimized] target(s) in 1.64s
    Creating component target/wasm32-unknown-unknown/release/greet.wasm
```

5.1.3 hello-worldワールドを実装するプロジェクトの作成

hello-worldワールドを実装するプロジェクトを作成します。こちらのプロジェクトでも実装するワールドを、マニフェストに明示します。

1. cargo component new --lib hello-world-implを実行してプロジェクトを作成します
2. hello-world-impl/Cargo.tomlをエディターで開きます
3. package.metadata.component.target属性に実装するワールドを指定します
4. ビルドして、ワールドが正しく指定できていることを確認します

作成するプロジェクトの名前はhello-world-implとします。下記の例ではgreetプロジェクトと同じフォルダーに、プロジェクトを作成します。

```
$ cargo component new --lib hello-world-impl
    Creating library `hello-world-impl` package
note: see more `Cargo.toml` keys and their definitions at https://doc.rust-lang.org/cargo/reference/
manifest.html
     Updated manifest of package `hello-world-impl`
   Generated source file `src/lib.rs`
$ ls
greet  hello-world-impl
```

作成したプロジェクトのマニフェストには、**リスト5.3**のようにwitフォルダーのパスと実装するワールドの名前を記述します。

リスト5.3 hello-world-impl/Cargo.tomlにwitフォルダーのパスと実装するワールドを追記

```
# Cargo.tomlに以下の内容を追記します
[package.metadata.component.target]
# greetプロジェクトのwitフォルダーを相対パスで指定しています
# 絶対パスでも指定できます
path = "../greet/wit"
# 実装するワールドを明示します
world = "hello-world"
```

ビルドして、次のようにGuestトレイトのモジュールパスが異なっているというエラーメッセージが表示されれば、your-namespace:greet/hello-worldワールドを実装するプロジェクトとしての正しい設定がなされています。

```
$ cargo component build
   Compiling wit-bindgen-rt v0.26.0
   Compiling bitflags v2.5.0
   Compiling hello-world-impl v0.1.0 (/somewhere/hello-world-impl)
error[E0432]: unresolved import `bindings::Guest`
 --> src/lib.rs:4:5
  |
4 | use bindings::Guest;
  |     ^^^^^^^^^^^^^^^ no `Guest` in `bindings`
  |
help: consider importing this trait instead
  |
4 | use crate::bindings::exports::your_namespace::greet::sayable::Guest;
  |     ~~~~~~~~~~~~~~~~~~~~~~~~~~~~~~~~~~~~~~~~~~~~~~~~~~~~~~~~~~~~~~~

For more information about this error, try `rustc --explain E0432`.
error: could not compile `hello-world-impl` (lib) due to 1 previous error
```

5.1.4 hello-world-implを実装

作成したhello-world-implプロジェクトを実装します。hello-worldワールドは、次のようにsayableインターフェースを実装することを定めています。bindings::exports::your_namespace::greet::sayable::Guestトレイトを実装することで、この定義を満たすことができます。

```
package your-namespace:greet;

interface sayable {
    say: func () -> string;
}

world hello-world {
    import your-namespace:greet/greetable;
    export sayable;
}
```

実装は次のステップで行います。

1. /somewhere/hello-world-impl/src/lib.rsをエディターで開きます
2. Guestトレイトのモジュールパスを、bindings::exports::your_namespace::greet::sayable::Guestに修正します
3. Guestトレイトが定めるとおり、say()関数を実装します
4. ビルドします

リスト5.4は、hello-worldワールドの実装例です。say()関数が文字列を返す関数として実装されています。

リスト5.4 hello-worldワールドの実装例

```
#[allow(warnings)]
mod bindings;

use bindings::exports::your_namespace::greet::sayable::Guest;
use bindings::your_namespace::greet::greetable::{name, greet};

struct Component;

impl Guest for Component {
    fn say() -> String {
```

```
        let name = name();
        greet(&name)
    }
}

bindings::export!(Component with_types_in bindings);
```

リスト5.4の実装で、name()とgreet()、2つの関数が利用されていることに注意してください。これらはbindings.rsに定義されています。前述のとおり、bindings.rsはWITのワールド定義から、自動生成されます。つまりname()とgreet()の2つの関数に関してもhello-worldワールドに記述があります。

これら2つの関数は、hello-worldがインポートするyour-name:greet/greetableインターフェースに定められています。つまり、あるワールドが依存するインターフェースに定められている関数を利用して、そのワールドを実装することができます。

なお、インターフェースに定められている関数と、Rustの関数は区別なく呼び出すことができます。たとえば**リスト5.5**では、ferris-saysクレートに定められているsay()関数に、greet()関数の返り値を渡しています。

リスト5.5　リスト5.4にferris_says::say()関数の呼び出しを追加

```
#[allow(warnings)]
mod bindings;

use bindings::exports::your_namespace::greet::sayable::Guest;
use bindings::your_namespace::greet::greetable::{name, greet};

struct Component;

impl Guest for Component {
    fn say() -> String {
        let name = name();
        let greetings = greet(&name);
        let mut buffer = Vec::new();

        // greet()関数の返り値をパラメーターに指定して、ferris_says::say()関数を呼び出します
        ferris_says::say(&greetings, 80, &mut buffer).unwrap();
        String::from_utf8(buffer).unwrap()
    }
}

bindings::export!(Component with_types_in bindings);
```

上記のコードをビルドするためには、ferris-saysクレートをプロジェクトの依存関係に追加する必要があります。

```
$ cargo add ferris-says
    Updating crates.io index
      Adding ferris-says v0.3.1 to dependencies
             Features:
             - clippy
    Updating crates.io index
```

◆ ◆ ◆

この節のまとめです。

- WITのワールド定義には、そのワールドが依存するインターフェースを指定できます
- 依存するインターフェースの指定には`import`キーワードを利用します
- 指定されたインターフェースが定義する関数を利用して、ワールドを実装できます

依存するインターフェースに関するコードのモジュールパスは、`bindings::<ネームスペース>::<パッケージID>::<インターフェース名>`ルールに従って決められます。`your-namespace:greet/greetable`インターフェースの場合は、`bindings::your_namespace::greet::greetable`となります。なおインターフェースの識別子中の`-`は`_`に置き換えられます。

この節で作成した`hello_world_impl.wasm`を実行するときには、依存する`your-namespace:greet/greetable`インターフェースの実装も必要になります。依存するインターフェースの実装を与えることを、依存関係の解決と呼びます。

Wasmコンポーネントの場合、実装をWasmコンポーネントで与える場合と、Wasmコンポーネントを利用する側（ホストコード）が用意する場合の2通りがあります。以降の2つの節では、上記の2つの方法を順に解説します。

5.2 Wasmコンポーネントの合成

`your-namespace:greet/greetable`に依存するコンポーネント`hello_world_impl.wasm`と、そのインターフェースを実装する`greet.wasm`のように、コンポーネントAが依存するインター

フェースを実装するコンポーネントBがあるとします。この2つを組み合わせて、新しいコンポーネントCを作るのがコンポーネントの合成です（**図5.1**）。

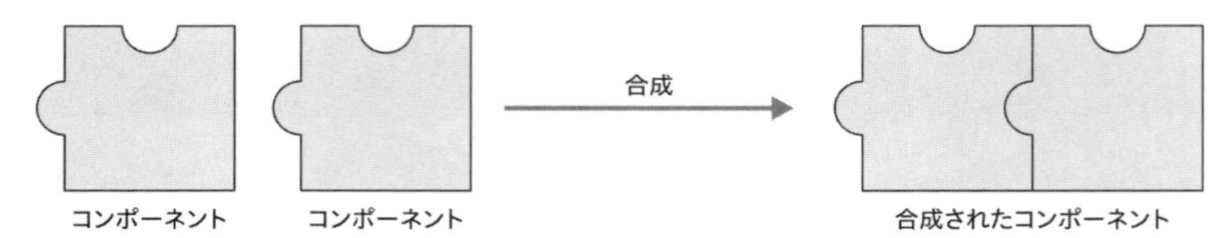

図5.1 Wasmコンポーネントの合成のイメージ

コンポーネントの合成を行う手段はいくつかありますが、この節ではwacコマンドを使います。合成は以下の手順で行います。

1. wacコマンドをインストールします
2. インストールされたwacコマンドを使って、2つのコンポーネントを合成します

5.2.1 wacコマンドのインストール

wacコマンドはwac-cliというクレートをインストールすることで、利用できるようになります。

```
$ cargo install wac-cli
    Updating crates.io index
# wac-cliが依存するクレートをビルドします
Compiling wac-cli v0.3.0
    Finished `release` profile [optimized] target(s) in 1m 42s
  Installing /Users/chikoski/.cargo/bin/wac
   Installed package `wac-cli v0.3.0` (executable `wac`)
```

次のようにwac helpコマンドを実行して、下記のようなヘルプが表示されればインストールは完了です。

```
$ wac help
Tool for working with WebAssembly compositions

Usage: wac <COMMAND>

Commands:
  parse    Parses a WAC source file into a JSON AST representation
```

```
  resolve  Resolves a WAC source file into a DOT representation
  encode   Encodes a WAC source file into a WebAssembly component
  plug     Plugs the exports of any number of 'plug' components into the imports of a 'socket' component
  help     Print this message or the help of the given subcommand(s)

Options:
  -h, --help     Print help
  -V, --version  Print version
```


5.2.2 コンポーネントの合成

wac plugコマンドで2つのコンポーネントを合成できます。依存するインターフェースを実装しているコンポーネントを--plugオプションで指定します。合成して作成されるWasmファイルは、-oオプションで指定されたパスに出力されます。

合成される2つのWasmファイルが依存するインターフェースと、実装するインターフェースは**表5.1**のとおりです。

表5.1 Wasmファイルの依存する／実装するインターフェイス

Wasmファイル	依存するインターフェース	実装するインターフェース
hello_world_impl.wasm	your-namespace:greet/greetable	your-namespace:greet/sayable
greet.wasm	なし	your-namespace:greet/greetable

--plugオプションにgreet.wasmを指定して、hello_world_impl.wasmと合成することで、依存するインターフェースのないWasmコンポーネントを作成できます（**表5.2**）。

表5.2 合成後のWasmファイルの依存する／実装するインターフェイス

Wasmファイル	依存するインターフェース	実装するインターフェース
作成するWasmファイル	なし	your-namespace:greet/sayable

次の例では、target/wasm32-unknown-unknown/release/hello_world_impl.wasmと../greet/target/wasm32-unknown-unknown/release/greet.wasmを合成して、composed-hello-world-impl.wasmを作成します。

```
$ wac plug \
    target/wasm32-unknown-unknown/release/hello_world_impl.wasm \
    --plug ../greet/target/wasm32-unknown-unknown/release/greet.wasm \
    -o composed-hello-world-impl.wasm
```

上記の例では、greetプロジェクトとhello-world-implプロジェクトが同じフォルダーにあり、カレントディレクトリーがhello-world-implプロジェクトである状態でコマンドを実行しています（下記参照）。異なる場合は、適切に読み替えてコマンドを実行してください。

```
$ pwd
/somewhere/hello-world-impl

$ ls ..
greet   hello-world-impl
```

この節のまとめです。2つのWasmコンポーネントを合成することで、依存するインターフェースの実装を別のWasmコンポーネントで解決することができました。

具体的にはgreet.wasmプロジェクトとhello_world_impl.wasmを合成することで、hello_world_impl.wasmが依存するインターフェースの実装は、greet.wasmによって与えられることとなりました。この結果、your-namespace:greet/sayableの実装を提供し、依存するインターフェースがないWasmコンポーネントが作成されました。言い換えるならば、作成されたWasmコンポーネントは、次のワールドを実装しています。

```
world says {
    export your-namespace:greet/sayable;
}
```

上記のようなワールドをWITで定義することで、合成によって作成されたWasmコンポーネントをRustのプログラムから利用できます。Saysはwasmtime::component::bindgenマクロによって、WITファイルから動的に生成された構造体です。

```
fn start(path_to_wasm_file: &str) -> anyhow::Result<()> {
    let engine = Engine::default();
    let linker = Linker::new(&engine);
    let mut store = Store::new(&engine, ());

    let component = Component::from_file(&engine, path_to_wasm_file)?;
    let says = Says::instantiate(&mut store, &component, &linker)?;

    let said = says.your_namespace_greet_sayable().call_say(&mut store)?;
    println!("{said}");

    Ok(())
}
```

実行例は次のようになります。

```
$ cargo run -- composed-hello-world-impl.wasm
 ------------------------
< Hello, Wasm Component! >
 ------------------------
        \
         \
            _~^~^~_
        \) /  o o  \ (/
          '_   -   _'
          / '-----' \
```

合成は依存関係を静的に解決します。一方で、設定に応じてインターフェースの実装を切り替えたい場合や、インターフェースの実装をネイティブコードで与えたい場合もあります。そのような場合は、次の節で説明するホストコードによる解決を行います。

5.3 ホストコードによる実装の提供

前節では依存関係の解決を、Wasmコンポーネントを合成することによって行いました。この節ではホストコードによる依存関係の解決を行います。その例として、`your-namespace:greet/greetable`をRustのトレイトとして実装し、実装したトレイトを参照する形でWasmコンポーネントをインスタンス化します。インターフェースの実装がWasmコンポーネントではなく、Rustで実装されたネイティブコードとして与えられます。具体的には次の手順で実装を行います。

1. Wasmコンポーネントを実行するためのバイナリークレート向けプロジェクトを作成します
2. `your-namespace:greet/greetable`インターフェースをRustで実装します
3. 前のステップでの実装を使って、`hello_world_impl.wasm`をインスタンス化します
4. インスタンスの提供する関数を呼びます

それぞれのステップを順に説明します。

5.3.1 バイナリークレートの作成

`cargo new`コマンドを使って、Wasmコンポーネントを呼び出すためのバイナリークレート向けプロジェクトを作成します。次の例では`dynamic-dependency-resoution-example`という名前のプロジェクトを作成します。

```
$ cargo new dynamic-dependency-resolution-example
    Creating binary (application) `dynamic-dependency-resolution-example` package
note: see more `Cargo.toml` keys and their definitions at https://doc.rust-lang.org/cargo/reference/
manifest.html
```

作成したら、次の3つのクレートを依存関係に追加します。追加には`cargo add`コマンドを利用します。

- anyhow
- clap（deriveフィーチャーを有効にする）
- wasmtime

```
$ cd dynamic-dependency-resolution-example
# anyhowクレートを依存関係に追加します。出力されるメッセージは省略します
$ cargo add anyhow

# clapクレートを依存関係に追加します。--feturesオプションを使って、deriveフィーチャーを有効にします
$ cargo add clap --features derive
# 出力されるメッセージは省略します
```

```
# wasmtimeクレートを依存関係に追加します。出力されるメッセージは省略します
$ cargo add wasmtime
```

第3章の3.3.2節に書いたように、コマンドライン引数で指定したWasmコンポーネントを実行するためのコードをsrc/main.rsに記述します（**リスト 5.6**）。

リスト 5.6　src/main.rsにWasmコンポーネントを実行するためのコードを追記

```
use clap::Parser;
use wasmtime::component::bindgen;

// WITファイルからコード生成を行います
bindgen!({
    // WITファイルの保存場所を指定します
    path: "/somewhere/greet/wit",
    // 参照するワールド名を指定します
    world: "hello-world"
});

// clap::Parserトレイトをderiveマクロを使って実装します
#[derive(Parser, Debug)]
struct Cli {
    wasm_file: String
}

fn main() {
    // コマンドライン引数を解析します
    let cli = Cli::parse();

    // start()関数を呼び出し、エラーが起きればそのエラーを表示します
    if let Err(e) = start(cli) {
        println!("{e}");
    }
}

fn start(cli: Cli) -> anyhow::Result<()> {
    Ok(())
}
```

5.3.2 依存するインターフェースの実装

hello-worldワールドはyour-namespace:greet/greetableインターフェースに依存します。このステップでは依存するインターフェースをRustのトレイトとして実装します。

wasmtime::component::bindgenマクロは、ワールドが依存するインターフェースを実装するためのトレイトをWITファイルから自動生成します。自動生成されたトレイトのモジュール

パスは、<ネームスペース>::<パッケージID>::<インターフェース名>::Hostとなります。このルールに従って、your-namespace:greet/greetableインターフェースを実装するためのトレイトは、your_namespace::greet::greetable::Hostに生成されます。生成されたトレイトの実装例は、**リスト5.7**のようになります。

リスト5.7　生成されたHostトレイトの実装例

```
use clap::Parser;
use wasmtime::component::bindgen;

// your-namespace:greet/greetableを実装するためのトレイトです
use your_namespace::greet::greetable::Host;

// Cli構造体の定義などがありますが、省略します

// your_namespace::greet::greetable::Hostトレイトを実装する構造体です
struct Greet {
    // name()関数が返す値を保持するための属性です
    name: String,
}

impl Greet {
    // Greet構造体を初期化するための関数です
    fn new(name: String) -> Greet {
        Greet { name }
    }
}

// your-namespace:greet/greetableインターフェースを実装します
impl Host for Greet {
    fn name(&mut self) -> String {
        self.name.clone()
    }

    fn greet(&mut self, name: String) -> String {
        format!("Hello from {name}")
    }
}
```

なお、your-namespace:greet/greetableインターフェースは、次のようにname()関数とgreet()関数を持つものとして定義されています。

```
interface greetable {
    name: func() -> string;
    greet: func(name: string) -> string;
}
```

5.3.3 コンポーネントのインスタンス化

第5.3.2節で作成した依存するインターフェースの実装を使って、`hello-world`ワールドを実装するWasmコンポーネントをインスタンス化します。

動的な依存関係の解決には、`wasmtime::component::Store`オブジェクト（以下、`Store`オブジェクト）と`wasmtime::component::Linker`オブジェクト（以下、`Linker`オブジェクト）を利用します。

まずコンポーネントが依存するインターフェースを実装したオブジェクトを使って、`Store`オブジェクトを初期化します。次にWITファイルから生成されたラッパーが持つ`add_to_linker()`関数を呼んで、`Store`オブジェクトの初期化に利用したオブジェクトから、インスタンス化するコンポーネントが依存するインターフェースの実装の探し方を指定します（**リスト 5.8**）。Wasmtimeは上記の2つから依存関係の解決を行います。

リスト 5.8　Wasmコンポーネントのインスタンス化

```
use clap::Parser;
use wasmtime::{Engine, Store};
use wasmtime::component::{bindgen, Component, Linker};

// Cli構造体やGreet構造体の定義などがありますが、省略します。

fn start(cli: Cli) -> anyhow::Result<()> {
    let engine = Engine::default();
    let mut linker = Linker::new(&engine);
    // 第2引数に依存するインターフェースの実装したオブジェクトを指定して、Storeオブジェクトを作成します
    let mut store = Store::new(&engine, Greet::new("Native code".to_string()));

    let component = Component::from_file(&engine, &cli.wasm_file)?;

    // Storeオブジェクト作成時に渡されたオブジェクトから、
    // Wasmコンポーネントが依存するインターフェースの実装を見つけるための方法を、関数として与えます
    // なお、HelloWorldはWITファイルから自動生成された構造体で、
    // your-namespace:greet/hello-worldワールドを表します
    HelloWorld::add_to_linker(&mut linker, |greet: &mut Greet| greet)?;

    // Wasmコンポーネントをインスタンス化します
    let hello_world = HelloWorld::instantiate(&mut store, &component, &linker)?;

    Ok(())
}
```

5.3.4 インスタンスの提供する関数の呼び出し

リスト5.9のように、インスタンスの提供する関数say()を呼び出します。

リスト5.9　say()関数の呼び出し

```
fn start(cli: Cli) -> anyhow::Result<()> {
    let engine = Engine::default();
    let mut linker = Linker::new(&engine);
    let mut store = Store::new(&engine, Greet::new("Native code".to_string()));

    let component = Component::from_file(&engine, &cli.wasm_file)?;
    HelloWorld::add_to_linker(&mut linker, |greet: &mut Greet| greet)?;

    let hello_world = HelloWorld::instantiate(&mut store, &component, &linker)?;

    // インスタンス化されたコンポーネントの提供する関数を呼びます
    let message = hello_world.your_namespace_greet_sayable().call_say(&mut store)?;
    println!("{message}");

    Ok(())
}
```

なおyour-namespace:greet/hello-worldワールドは次のように定義されています。

```
interface sayable {
    say: func() -> string;
}

world hello-world {
    import greetable;
    export sayable;
}
```

5.3.5 実行例

この節で実装したコードを使って、hello_world_impl.wasmを呼び出した結果です。

```
$ cargo run -- /somewhere/hello-world-impl/target/wasm32-unknown-unknown/release/hello_world_impl.wasm
   Compiling dynamic-dependency-resolution-example v0.1.0 (/somewhere/dynamic-dependency-resolution-example
)
    Finished `dev` profile [unoptimized + debuginfo] target(s) in 1.92s
     Running `target/debug/dynamic-dependency-resolution-example ../hello-world-impl/target/wasm32-unknown-
```

```
unknown/release/hello_world_impl.wasm`
 -----------------------
< Hello from Native code >
 -----------------------
        \
         \
            _~^~^~_
        \) /  o o  \ (/
          '_   -   _'
          / '-----' \
```

◆ ◆ ◆

この節のまとめです。

- この節では、ホストコードによる依存関係の解決について説明しました
- wasmtime::component::bindgenマクロの生成するトレイトを実装することで、Wasmコンポーネントの依存するインターフェースを実装しました
- StoreオブジェクトとLinkerオブジェクトを使って、依存関係の解決を実現しました

この節では、依存するインターフェースをネイティブコードで実装しました。一方、wasmtimeクレートを使うことで、Rustの関数とWasmコンポーネントの提供する関数とを透過的に扱えます。つまり、依存するインターフェースを実装として、Wasmコンポーネントのインスタンスを使うこともできます。

また、ファイルやソケットのようなシステムが管理する資源にアクセスするインターフェース、つまりシステムインターフェースの実装は、ホストコードが与えることとなります。WasmではシステムインターフェースをWebAssymbly System Interface（WASI）と呼ばれる形で取りまとめ、標準化しています。次の節では、wasmtime_wasiクレートを使ってCLI向けインターフェースの実装を用意します。

5.4 WebAssembly System Interface (WASI)

ファイル操作や通信といった、OSのようなシステムが管理しているリソースにアクセスするためのインターフェースをシステムインターフェースと呼びます。システムインターフェースのうち代表的ものは、WebAssembly System Interface（WASI）として標準化されています。

WASIはシステムインターフェースをユースケースごとに定義しています。この章で扱った`wasi:cli`はCLI向けのシステムインターフェースです。これを含め、**表5.3**のものの標準化が進んでいます。

表5.3　WASIのシステムインターフェース

名前	対象とするユースケース
`wasi:io`	ストリームを使った入出力処理
`wasi:clocks`	経過時間の測定
`wasi:random`	乱数生成
`wasi:filesystem`	ファイル操作
`wasi:sockets`	ソケット通信
`wasi:cli`	コマンドラインインターフェース
`wasi:http`	プロキシーのような、HTTPリクエストとレスポンスに対する処理

5.5 wasi:cli/importsの実装

これまでwasmtimeクレートを使って動かしてきたWasmコンポーネントは、どれもwasm32-unknown-unknownをターゲットにビルドされたものでした。wasm32-wasip1をターゲットにビルドしたものを動かした場合、何が起きるでしょうか。それを確かめるために、以下のようにhello-world-implプロジェクトをwasm32-wasip1に向けてビルドしたものを、前の節で作成したプログラムで動かします。

```
# hello-world-implプロジェクトのフォルダーへ移動します
$ cd /somewhere/hello-world-impl

# wasm32-wasip1をターゲットにリリースビルドをします。
# ターゲットアーキテクチャを指定しない場合、cargo component buildはwasm32-wasip1をターゲットにビルドします
$ cargo component build -r
# ビルドメッセージは省略します
# ビルドされたWasmファイルはtarget/wasm32-wasip1/releaseに出力されます

# dynamic-dependency-resolution-exampleプロジェクトのフォルダーへ移動します
$ cd /somewhere/dynamic-dependency-resolution-example

# wasm32-wasip1をターゲットにビルドしたWasmファイルを実行します
$ cargo run -- /somewhere/hello-world-impl/target/wasm32-wasip1/release/hello_world_impl.wasm
# ビルドメッセージは省略します
Running `target/debug/dynamic-dependency-resolution-example /somewhere/hello-world-impl/target/wasm32-wasip1/release/hello_world_impl.wasm`
component imports instance `wasi:cli/environment@0.2.0`, but a matching implementation was not found in the linker
# wasi:cli/environment@0.2.0の実装が見つからない、というエラーが表示されます
```

wasm32-wasip1をターゲットにビルドした場合、cargo componentはワールド定義に記述されているものに加えて、wasi:cli/importワールドに定義されているインターフェースを依存関係に追加します。追加されたインターフェースは、wasm-toolsというツールを使って確認できます。以下の例は、hello_world_impl.wasmが実装するワールドの定義を確認します。

```
# cargo installコマンドでwasm-toolsコマンドをインストールします
$ cargo install wasm-tools
# ビルドメッセージが出力されますが、省略します

# 以下のコマンドで、指定されたWasmコンポーネントが実装するワールドの定義を出力します
```

```
$ wasm-tools component wit /somewhere/hello-world-impl/target/wasm32-wasip1/release/hello_world_impl.wasm
package root:component;

world root {
  import your-namespace:greet/greetable;
  import wasi:cli/environment@0.2.0;
  import wasi:cli/exit@0.2.0;
  import wasi:io/error@0.2.0;
  import wasi:io/streams@0.2.0;
  import wasi:cli/stdin@0.2.0;
  import wasi:cli/stdout@0.2.0;
  import wasi:cli/stderr@0.2.0;
  import wasi:clocks/wall-clock@0.2.0;
  import wasi:filesystem/types@0.2.0;
  import wasi:filesystem/preopens@0.2.0;

  export your-namespace:greet/sayable;
}
```

上記のとおりhello_world_impl.wasmを動かすためには、11個のインターフェースの実装を提供する必要があります。your-namespace:greet/greetableは、前の節で実装を提供しました。この節では、wasmtime-wasiクレートを利用して残りの10個の実装を提供します。実装は以下のステップで行います。

1. dynamic-dependency-resolution-exampleプロジェクトの依存関係にwasmtime-wasiを追加します
2. Greet構造体にメンバー変数を追加します
3. wasmtime_wasi::WasiViewトレイトを実装します
4. wasiネームスペースに所属するインターフェースの実装を、Linkerオブジェクトに追加します

WITではバージョン番号を付けてインターフェースや、ワールドを指定できます。たとえばwasi:cli/environment@0.2.0はwasi:cli/environmentのバージョン0.2.0であることを示します。仮にwasi:cli/environmentにバージョン0.2.1や1.0.0があったとしても、上記のワールドでは、バージョン0.2.0のインターフェース定義が使用されます。

5.5.1 wasmtime-wasiを依存関係に追加

wasmtime-wasiクレートはWASIで定義されているインターフェースの実装を、ホストコー

ド向けに提供します。これを利用することで、WASIに定義されているインターフェースを実装しなくても、WASIに依存したWasmコンポーネントを実行できます。

次のようにcargo addコマンドでwasmtime-wasiを依存関係に追加します。

```
# dynamic-dependency-resolution-exampleプロジェクトのフォルダーに移動します
$ cd /somewhere/dynamic-dependency-resolution-example

# wasmtime_wasiを依存関係に追加します。cargo addコマンドを実行する点に注意してください
$ cargo add wasmtime-wasi
Updating crates.io index
      Adding wasmtime-wasi v21.0.1 to dependencies
             Features:
             + preview1
```

5.5.2 Greet構造体にメンバー変数を追加

your-namespace:greet/greetableはGreet構造体に実装されています。このGreet構造体にWASIの実行状態を保存するためのメンバー変数を追加します（**リスト 5.10**）。

リスト 5.10　Greet構造体にメンバー変数を追加

```
use clap::Parser;
use wasmtime::{Engine, Store};
use wasmtime::component::{bindgen, Component, Linker, ResourceTable};
use wasmtime_wasi::{WasiCtx, WasiCtxBuilder};

struct Greet {
    name: String,
    // WasiCtxがWASIの実行状態を保存するための構造体です
    wasi_ctx: WasiCtx,
    // ResourceTableがオープンしたファイルのような、ホスト側の資源を管理するための構造体です
    resource_table: ResourceTable,
}
```

Greet構造体にwasi_ctxとresource_tableを追加しました。前者はwasmtime_wasi::WasiCtxオブジェクト（以降、WasiCtxオブジェクト）を保持し、後者はwasmtime::component::ResourceTableオブジェクト（以降、ResourceTableオブジェクト）を保持します。

WasiCtxオブジェクトは、WASIの実行状態を表しています。具体的には、環境変数のリストや標準入出力のストリーム、Wasmコンポーネントからのアクセスが許可されたフォルダーのリストなどを保持しています。

ファイルのようなシステム上のリソースをWITではresourceとして表現します。ResourceTableはリソースの使用状態を管理するためのデータ構造です。使用中かどうかは、列挙子型の値で表現されています。

追加されたメンバー変数に合わせてGreet::new()関数の実装を変更します。WasiCtxオブジェクトは、ビルダーオブジェクトであるWasiCtxBuilderを使って作成します。**リスト5.11**では標準の設定でWasiCtxオブジェクトを作成していますが、WasiCtxBuilderオブジェクトのメソッドを呼び出すことで、作成するWasiCtxオブジェクトの設定を変更することができます。

リスト5.11 Greet::new()関数の実装を変更

```
// use句などがありますが、省略します
struct Greet {
    name: String,
    wasi_ctx: WasiCtx,
    resource_table: ResourceTable,
}

impl Greet {
    fn new(name: String) -> Greet {
        // WasiCtxを作成するためのビルダーであるWasiCtxBuilderを利用します
        let wasi_ctx = WasiCtxBuilder::new().build();
        // wasmtime::component::ResourceTable構造体を初期化します
        let resource_table = ResourceTable::new();
        Greet {
            name,
            wasi_ctx,
            resource_table,
        }
    }
}
// その他の実装が定義されていますが、省略します
```

5.5.3 WasiViewトレイトを実装

Guest構造体にwasmtime_wasi::WasiViewトレイトを実装します。このトレイトを実装するためには、次の2つのメソッドを実装します。

- fn table(&mut self) -> &mut ResourceTable
- fn ctx(&mut self) -> &mut WasiCtx

table()メソッドはResourceTableオブジェクトへの参照を返すメソッドで、ctx()メソッド

はWasiCtxオブジェクトへの参照を返すメソッドです。この2つのメソッドを実装するために、前節でGuest構造体にメンバーを追加しました。

Guest構造体へのwasmtime_wasi::WasiViewトレイトの実装例は**リスト5.12**のようになります。

リスト5.12 Greet構造体にwasmtime_wasi::WasiViewトレイトを実装

```
use clap::Parser;
use wasmtime::{Engine, Store};
use wasmtime::component::{bindgen, Component, Linker, ResourceTable};
// wasmtime_wasi::WasiViewをファイルの名前空間に追加します
use wasmtime_wasi::{WasiCtx, WasiCtxBuilder, WasiView};

// bindgenマクロの呼び出しなどがありますが、省略します

struct Greet {
    name: String,
    wasi_ctx: WasiCtx,
    resource_table: ResourceTable,
}

// Greetの実装コードがありますが省略します

// wasmtime_wasi::WasiViewトレイトをGreetに実装します
impl WasiView for Greet {
    // resoruce_table属性の値を変更可能な参照として返します
    fn table(&mut self) -> &mut ResourceTable {
        &mut self.resource_table
    }

    // wasi_ctx属性の値を変更可能な参照として返します
    fn ctx(&mut self) -> &mut WasiCtx {
        &mut self.wasi_ctx
    }
}

// main()関数などが定義されていますが、省略します
```

5.5.4 WASIの実装をLinkerオブジェクトに追加

前節で述べたとおり、wasmtimeはLinkerオブジェクトを通じて依存関係の解決を行います。WASIで定義されたインターフェースの実装をLinkerオブジェクトに追加することで、それらのインターフェースに依存したWasmコンポーネントを実行できるようになります。つまり、wasm32-wasip1をターゲットにcargo component buildコマンドでビルドしたプログラムを実

行できるようになります。

Linkerオブジェクトへの実装の追加は、wasmtime_wasi::add_to_linker_sync()関数、もしくはwasmtime_wasi::add_to_linker_async()関数を利用します。前者は同期的に処理を行う実装を追加し、後者を使うことで非同期的な処理を行う実装を追加します。**リスト5.13**では同期的な処理を利用します。

リスト5.13 Linkerオブジェクトへadd_to_linker_sync()関数を使って実装を追加

```
// 構造体の定義などがありますが、省略します

fn start(cli: Cli) -> anyhow::Result<()> {
    let engine = Engine::default();

    // インターフェースの実装をあとから追加するため、
    // 変更可能な形でLinkerオブジェクトを変数に束縛します
    let mut linker = Linker::new(&engine);

    // 第2引数に依存するインターフェースの実装したオブジェクトを指定して、Storeオブジェクトを作成します
    let mut store = Store::new(&engine, Greet::new("Native code".to_string()));

    let component = Component::from_file(&engine, &cli.wasm_file)?;

    HelloWorld::add_to_linker(&mut linker, |greet: &mut Greet| greet)?;
    // WASIに定義されているインターフェースの実装を、Linkerオブジェクトに追加します
    wasmtime_wasi::add_to_linker_sync(&mut linker)?;

    let hello_world = HelloWorld::instantiate(&mut store, &component, &linker)?;

    let message = hello_world.your_namespace_greet_sayable().call_say(&mut store)?;
    println!("{message}");

    Ok(())
}
```

5.5.5 実行結果

上記の変更を加えることで、wasm32-unknown-unknownをターゲットにビルドしたWasmファイルに加えて、wasm32-wasip1をターゲットにビルドしたWasmファイルも実行できるようになります。

下記の例では、wasm32-unknown-unknownをターゲットにビルドしたWasmを実行したあとに、wasm32-wasip1をターゲットにビルドしたWasmファイルを実行しています。どちらも同じ出力が得られたことがわかります。

```
$ cargo run /somewhere/hello-world-impl/target/wasm32-unknown-unknown/release/hello_world_impl.wasm
    Finished `dev` profile [unoptimized + debuginfo] target(s) in 0.40s
     Running `target/debug/dynamic-dependency-resolution-example /somewhere/hello-world-impl/target/wasm32-
unknown-unknown/release/hello_world_impl.wasm`
 ------------------------
< Hello from Native code >
 ------------------------
        \
         \
            _~^~^~_
        \) /  o o  \ (/
          '_   -   _'
          / '-----' \

$ cargo run /somewhere/hello-world-impl/target/wasm32-wasip1/release/hello_world_impl.wasm
    Finished `dev` profile [unoptimized + debuginfo] target(s) in 0.40s
     Running `target/debug/dynamic-dependency-resolution-example /somewhere/hello-world-impl/target/wasm32-
wasip1/release/hello_world_impl.wasm`
 ------------------------
< Hello from Native code >
 ------------------------
        \
         \
            _~^~^~_
        \) /  o o  \ (/
          '_   -   _'
          / '-----' \
```

5.5.6 CLIアプリの実行

第3章で作成したCLIアプリを含め、wasmtimeコマンドで実行できるWasmコンポーネントは、wasi:cli/commandワールドを実装しています。第3章で作成したhello-wasi-cli.wasmをwasm-toolsコマンドで処理すると、次のようにwasi:cli/commandワールドを実装していることが確認できます。

```
$ wasm-tools component wit /somewhere/hello-wasi-cli/target/wasm32-wasip1/release/hello-wasi-cli.wasm
package root:component;

world root {
  import wasi:cli/environment@0.2.0;
  import wasi:cli/exit@0.2.0;
  import wasi:io/error@0.2.0;
  import wasi:io/streams@0.2.0;
  import wasi:cli/stdin@0.2.0;
  import wasi:cli/stdout@0.2.0;
```

```
  import wasi:cli/stderr@0.2.0;
  import wasi:clocks/wall-clock@0.2.0;
  import wasi:filesystem/types@0.2.0;
  import wasi:filesystem/preopens@0.2.0;

  export wasi:cli/run@0.2.0;
}
```

wasi:cli/commandワールドはwasi:cli/run@0.2.0インターフェースを実装します。つまり、ライブラリークレートと同様にRustのプログラムから実行できます。wasmtime-wasiクレートが提供するラッパーを利用して、wasi:cli/run@0.2.0を実装したWasmコンポーネントを実装するプログラムの例を**リスト5.14**に示します

リスト5.14 CLIアプリとして実装

```
// main関数とstart関数以外は、本節の内容と同一です

// wasm_wasi::bindings::Commandオブジェクトは、非同期処理が有効になった環境での実行を想定しています
// そのためstart関数を非同期関数としてあります
async fn start(cli: Cli) -> anyhow::Result<()>{
    // Wasmtime::Engineを非同期処理をサポートする形で初期化します
    let mut config = wasmtime::Config::new();
    config.async_support(true);
    let engine = Engine::new(&config)?;

    let mut linker = Linker::new(&engine);
    let mut store = Store::new(&engine, Ctx::new());

    wasmtime_wasi::add_to_linker_async(&mut linker)?;

    let component = Component::from_file(&engine, cli.wasm_file)?;

    // wasmtime_wasi::Commandはwasi:cli/commandワールドからコード生成された構造体です
    // wasmtime_wasiクレートの一部として提供されていますので、wasmtime::component::bindgenマクロを呼ぶ必要
はありません
    let (command, _) = wasmtime_wasi::bindings::Command::instantiate_async(&mut store, &component, &linker
).await?;

    // wasi:cli/runインターフェースの実装を取得します
    let guest = command.wasi_cli_run();
    // 実装が提供するrun()関数を実行します
    let _ = guest.call_run(&mut store).await?;

    Ok(())
}

// tokioクレートを利用して、非同期処理を有効にしています
#[tokio::main]
async fn main() {
```

```
    let cli = Cli::parse();
    if let Err(e) = start(cli).await {
        println!("{e:?}");
    }
}
```

リスト 5.14では非同期処理を利用しています。非同期処理を利用するためには非同期処理のランタイムが必要で、上記の例では`tokio`クレートを処理系として利用しています。`tokio`クレートを含めた非同期処理の詳細は本書の範囲を超えるため、興味のある方は専門書を参照してください。

なお、上記のコードを実行するためには、`tokio`クレートを`macros`フィーチャーを有効にした形で、プロジェクトの依存関係に追加する必要があります。

```
$ cargo add tokio --features macros
```

5.6 まとめ

Wasmコンポーネントとワールド、そしてインターフェースは、パズルのピースと、ピースを切り出すためのパターン、そしてパターンの持つ突起部分の関係に似ているように思います。パズルのピースは、パターンに定められたとおりに突起部分を持っています（**図 5.2**）。

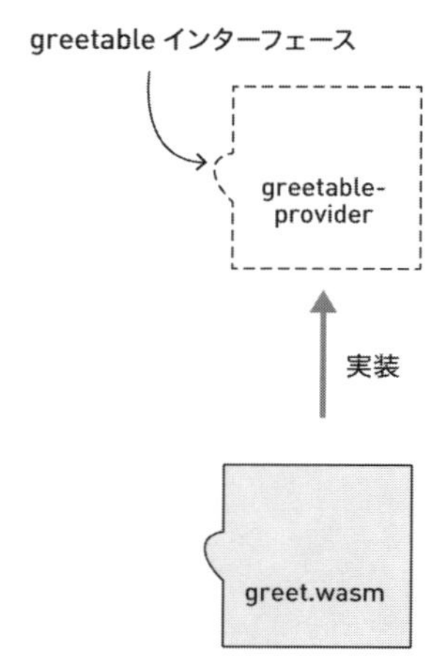

図5.2　ワールド、インターフェースとWasmコンポーネント

パズルのピースには凹んでいる部分もあります。ワールドにおいて、その凹んでいる部分はそのワールドが依存するインターフェースとみなすことができるように思います。hello-worldワールドはgreetableインターフェースに依存していますが、これを図示すると**図5.3**のようになります。

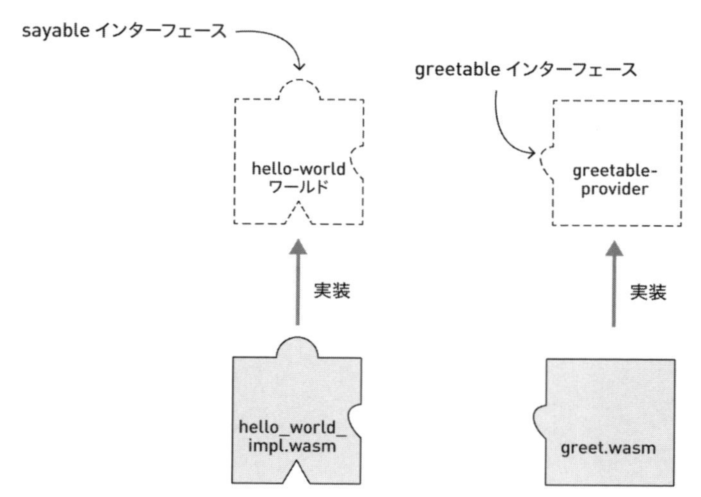

図5.3　インポートを持つワールド

上記の図では、hello_world_impl.wamsの依存するインターフェースの実装は、greet.wasmによって提供されます。この2つを組み合わせることによって、依存するインターフェースのないWasmコンポーネントを作成できます。このようにWasmコンポーネントを組み合わせて

依存関係を静的に解決することを、コンポーネントの合成と呼びます。2つのWasmコンポーネントを合成した結果、**図5.4**のようになります。

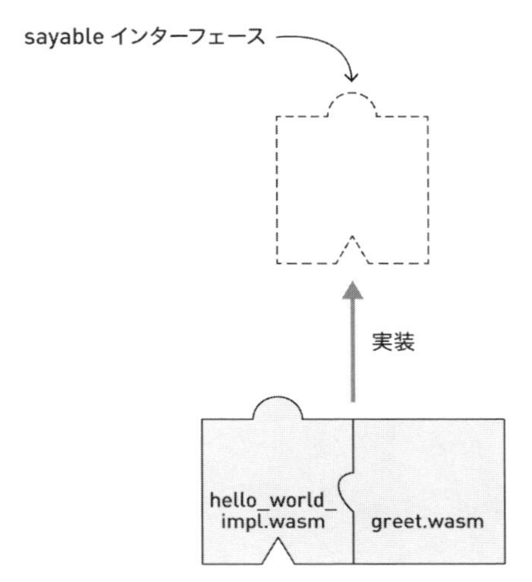

図5.4　合成されたWasmコンポーネント

この章でWasmコンポーネントの導入は終了です。次からの2章は、Wasmコンポーネントを利用した、もう少し実践的な内容を扱います。

第 6 章

コマンドライン インターフェース アプリケーションの作成

この章ではもう少し複雑なCLIアプリケーションの開発を通じて、WITによるデータ構造の定義方法について学びます。またレジストリーへのWITパッケージやコンポーネントパッケージの登録と、その利用方法についても触れます。

6.1 グリッチアート

グリッチアートと呼ばれるアートがあります。これは画像や動画のファイルフォーマットを意図的に壊すことで、予期できない効果を画像や動画に加えたものを指します。この章ではPNG画像を対象にグリッチアートを作成するCLIアプリを作成します（**図6.1**）。

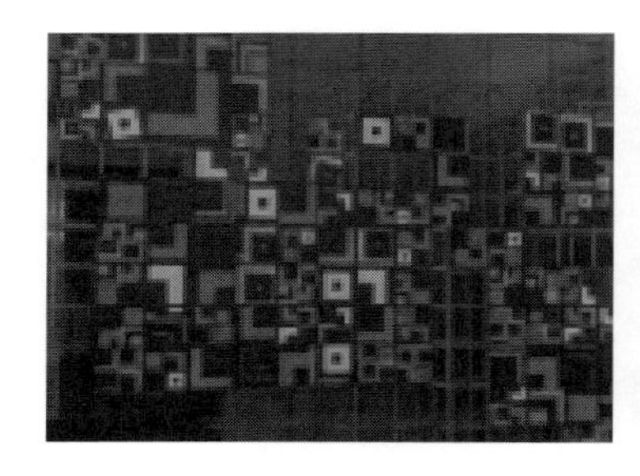

図6.1　グリッチアートの例。左が元画像で、右がそれをグリッチアートにしたもの

グリッチアートの作成には`png-glitch`クレート[注6.1]を利用します。このクレートは次のように利用します。

1. `png-glitch::PngGlitch::open()`関数を利用して、PNGファイルからグリッチアート作成用のオブジェクトを作成します
2. 作成されたオブジェクトを利用して、PNGのスキャンラインを操作します
3. `save()`メソッドを呼んで、グリッチアートをファイルに出力します

スキャンラインとはPNG画像の行を表すデータ構造で、その行のピクセルデータにフィルター処理を行った結果得られるバイト列と、利用したフィルターの種類を表したデータで構成されています[注6.2]。つまり`png-glitch`クレートを利用することで、PNGの画像データを行ごとに操作できます。以下は、`png-glitch`クレートを利用したCLIアプリの例です。入力したPNGファイルの各行に対して、先頭から3つめのピクセルに`0`を書き込んでいます。

注6.1　https://crates.io/crates/png-glitch
注6.2　https://www.w3.org/TR/png-3/#7Scanline

```
use clap::Parser;
use png_glitch::PngGlitch;

#[derive(Parser, Debug)]
pub struct Cli {
    // -o オプションでグリッチアートを出力するファイル名を指定します
    // 指定されなかった場合は、glitched.pngに出力します
    #[arg(short, default_value = "glitched.png")]
    pub output_file: String,
    pub input_file: String,
}

fn main() {
    let cli = Cli::parse();

    if let Err(e) = start(&cli) {
        println!("{:?}", e);
    }
}

fn start(cli: &Cli) -> anyhow::Result<()> {
    // 指定されたPNGファイルを操作するPngGlitchオブジェクトを作成します
    let mut glitch = PngGlitch::open(&cli.input_file)?;
    // 画像を操作します
    run(&mut glitch);
    // グリッチアートをファイルに出力します
    glitch.save(&cli.output_file)?;
    Ok(())
}

// 実際にグリッチアートを作成する関数です
fn run(glitch: &mut PngGlitch) {
    // スキャンラインのデータを操作します
    glitch.foreach_scanline(|scanline| {
        scanline.update(3, 0);
    });
}
```

PNGファイルのカラーモードや、適用されるフィルターによって設定した値の持つ意味は変わります。ファイルを壊すことで結果を楽しむのがグリッチアートです。どういう意味を持つかはわかりませんが、ともかく`0`を設定してファイルを壊します。

上記の例で実際に画像を操作しているのは`run()`関数です。この関数の実装を変更することで、出力されるグリッチアートの様子は異なります。`run()`関数をWasmコンポーネントで実装することで、利用するWasmファイルを切り替えることによって出力する結果を変更できるようにします（**図6.2**）。

  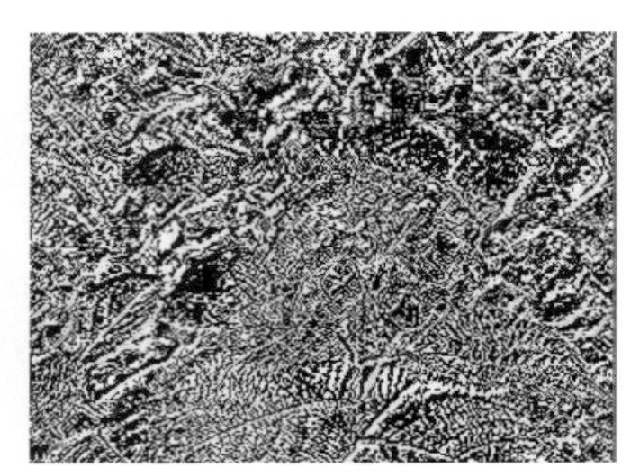

図6.2　run()関数の実装によって異なる出力結果

なお、上記のプログラムはpng-gtlichクレート以外に、clapクレートとanyhowクレートに依存しています。ビルドするためには、それぞれのクレートを依存関係に追加します。

```
# png-glitch-cliプロジェクトを作成します
$ cargo new png-glitch-cli

# deriveフィーチャーを有効にしたclapクレートを依存関係に追加します
$ cargo add clap --features derive

# anyhowクレートと、png-glitchクレートを依存関係に追加します
$ cargo add anyhow
$ cargo add png-glitch
```

6.2 本章で作成するCLIアプリ

CLIアプリは次の処理を行います。使用するWasmコンポーネントを切り替えることで、異なるアルゴリズムでグリッチアートを作成できるようになっている点が特徴です。

- PNGファイルの読み込み
- 指定されたWasmコンポーネントのインスタンス化
- Wasmインスタンスの提供する関数の呼び出し
- 作成されたグリッチアートをファイルへ出力

コマンドの起動から終了までのシーケンスは、**図6.3**のとおりです。

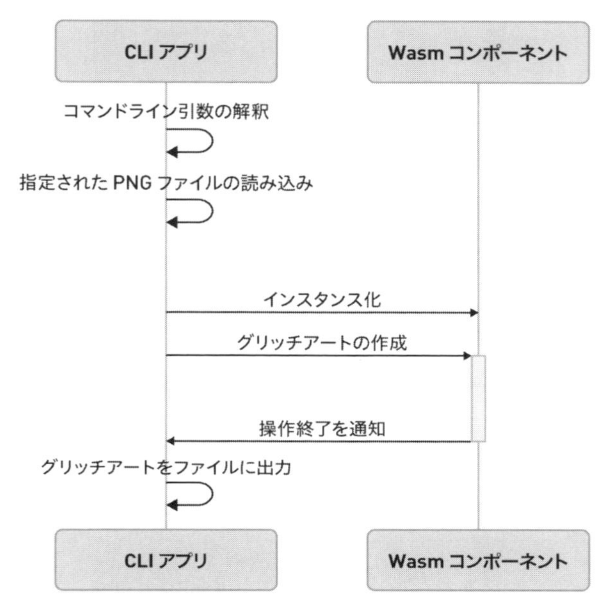

図6.3 グリッチアートアプリの処理の流れ

上記のCLIアプリを次のステップで作成します。

1. コンポーネントレジストリーへのネームスペースの登録
2. WITによるインターフェース定義
3. 定義したインターフェースのコンポーネントレジストリーへの登録
4. インターフェースの実装と、コンポーネントレジストリーへの登録
5. Wasmコンポーネントを利用できるように、CLIアプリを改変

以下、各ステップを節に分けて順に説明します。

6.3 コンポーネントレジストリーへ登録

Rustでのcrates.ioや、JavaScriptにおけるnpm[注6.3]のようにライブラリーやツールなどを再配布するための仕組みがあります。Wasmにも同様の仕組みがあり、WebAssembly Registory (Warg)[注6.4]という名前で仕様が策定されています。この節では、作成したWITファイルやWasmコンポーネントをレジストリーに登録するために、コンポーネントレジストリーの1つであるwa.devに自身のネームスペースを登録します。

6.3.1 Wargとは

WargはWasmコンポーネントを配布するレジストリーの名前ではなく、Wasmコンポーネントレジストリーのためのプロトコルです。

Wargを利用できるレジストリーにはwa.dev[注6.5]があります。執筆時点では、public betaとして運用されています（**図6.4**）。

注6.3 https://npmjs.org/
注6.4 https://warg.io/
注6.5 https://wa.dev/

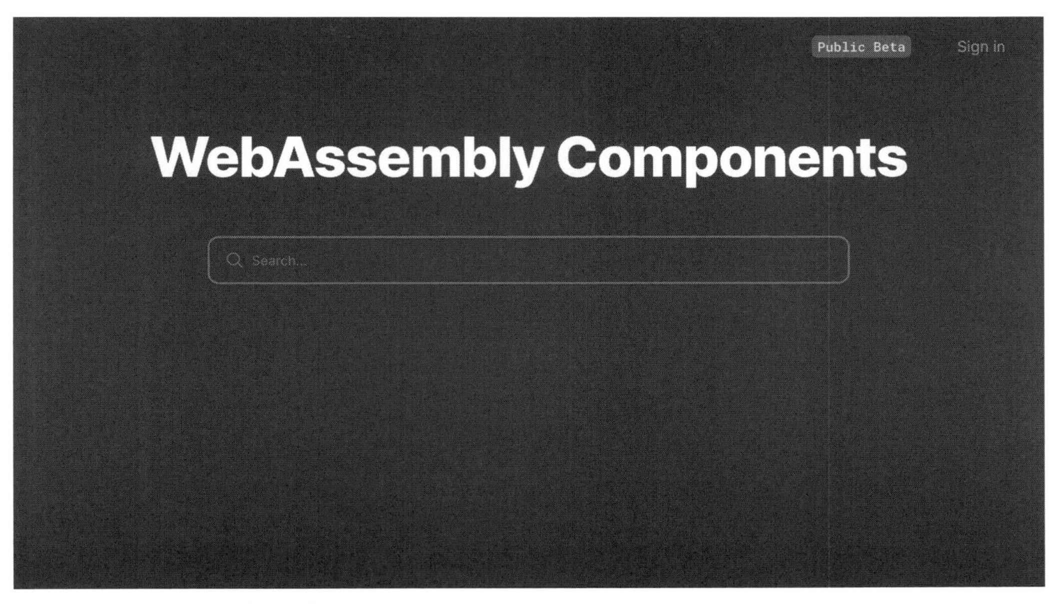

図6.4 wa.devのトップページ

なおWargが利用できるレジストリーには、仕様策定を進めているBytecode Allience[注6.6]の提供するレファレンス実装[注6.7]もあります。これを用いてご自身の手元にWasmコンポーネントレジストリーを持つこともできます。

WargはWasmコンポーネント以外に、WITで定義されたインターフェースやワールドを登録できます。たとえば`wasi:cli`パッケージに定義されるワールドは、**図6.5**のようにwa.devに登録されています。

注6.6 https://bytecodealliance.org/

注6.7 https://github.com/bytecodealliance/registry

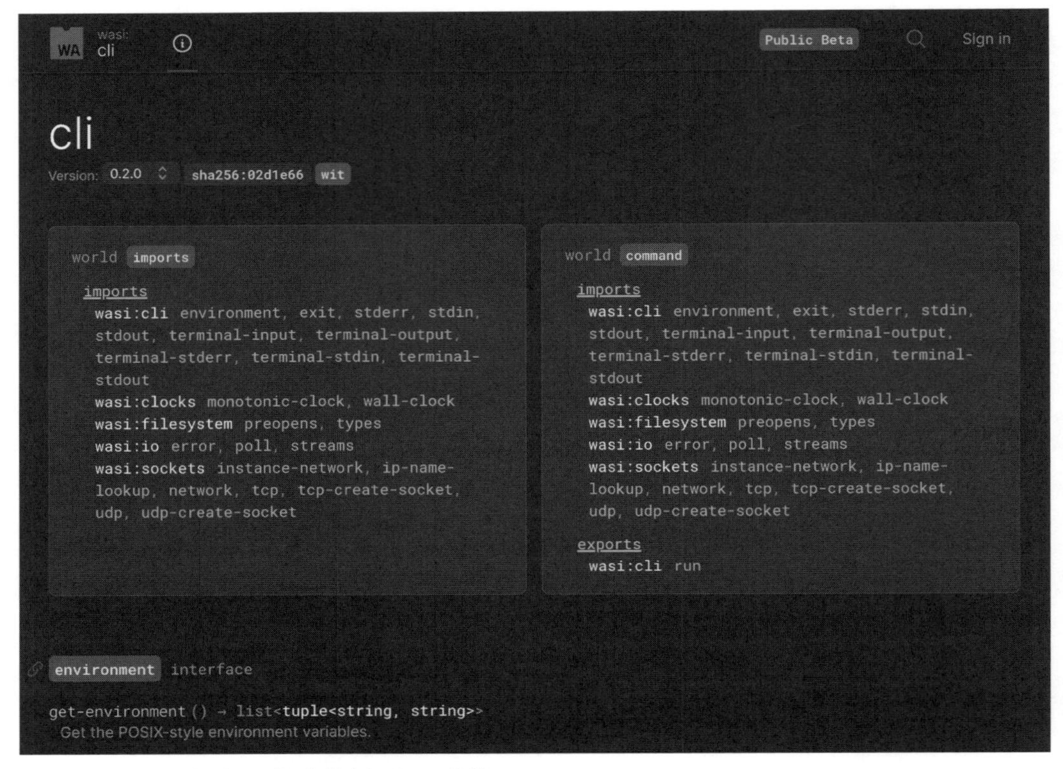

図6.5 wasi:cliパッケージに定義されるワールド

Wargでは登録されたWasmコンポーネントや、WITパッケージを「パッケージ」と呼びます。内容物で区別したいときは、**表6.1**のように呼びます。

表6.1 Wargでの内容物と呼び方

内容物	呼び方
Wasmコンポーネント	コンポーネントパッケージ
WITパッケージ	WITパッケージ

6.3.2 wa.devへのユーザー登録

この章ではwa.devを利用して開発を行います。wa.devにパッケージを登録するためにはユーザー登録をし、ログインする必要があります。なおユーザー登録にはGitHub[注6.8]のアカウントが必要です。

wa.devに公開されているパッケージを利用するだけなら、ユーザー登録は必要ありません。パッケージを登録しない場合は、この項の内容はスキップできます。

ユーザー登録は次のステップで行います。

1. https://wa.dev/にWebブラウザーでアクセスします
2. 画面右上の"Sign in"と書かれたリンクをクリックします
3. GitHubアカウントでサインインします
4. 右上の"Setup account"をクリックし、ネームスペースを登録します

最後のステップで登録したネームスペースは、wa.devのユーザー名のようなもので、パッケージ登録に利用されます。またWITパッケージの先頭に書いたネームスペースとしても利用できます。

6.3.3 Wargクライアントのインストール

wa.devはWargのクライアントツールからも利用できます。`cargo-component`もWargを利用して、作成したパッケージをレジストリーに公開します。`cargo-component`以外にも、**表6.2**のツールがWargを利用します。

表6.2 Wargを利用するツール

ツール	説明
`warg-cli`	Wargプロトコルのクライアントで、wa.devへのログインに利用する
`wit`	WITパッケージを操作するためのツール
`wac-cli`	レジストリーに公開されているWasmコンポーネントと、手元のWasmコンポーネントを合成できる

注6.8 https://github.com/

この章ではすべてのツールを利用します。次のようにcargoコマンドを用いてインストールします。

```
# warg-cliをインストールします
$ cargo install warg-cli

# witをインストールします
$ cargo install wit

# wac-cliをインストールします
# 前の章でインストールした方はスキップしてください
$ cargo install wac-cli
```

次のように--helpオプション付きで実行して、インストールできていることを確認します。

```
# warg-cliがインストールできたことを確認します
$ warg --help
Warg component registry client

Usage: warg <COMMAND>
# サブコマンドなどが表示されますが、省略します

# witコマンドがインストールできたことを確認します
$ wit --help
WIT package tool

Usage: wit <COMMAND>
# サブコマンドなどが表示されますが、省略します

# wac-cliがインストールできたことを確認します。
$ wac --help
Tool for working with WebAssembly compositions

Usage: wac <COMMAND>
# サブコマンドなどが表示されますが、省略します
```

6.3.4 wa.devへCLIから接続する

前項でインストールしたツールを使うためには、wa.devに公開鍵を登録する必要があります。登録は次の手順で行います。

1. Webブラウザーでwa.devにアクセスし、GitHubアカウントでログインします

2. 画面右上のメニューにある“Setup new CLI”をクリックします
3. 表示された手順に従って、公開鍵をwa.devに登録します

wargコマンドは公開鍵やログイン情報の保存に、パスワードや機密情報を保管するツールを利用します。それぞれのプラットフォームで利用されるツールは次のとおりです。

- Linux：GNOME Keyringのような、DBusを利用したパスワード保存ツール
- macOS：キーチェーン
- Windows：資格情報マネージャー

Linuxの場合、パスワード保存ツールがインストールされていない場合があります。その場合は、パスワード保存ツールのインストールが必要です。次の例は、GNOME keyringをインストールしています。

```
$ sudo apt install gnome-keyring
```

ステップ3で表示された手順には、CLIを使ってwa.devにログインする作業がふくまれます。次のようにwarg loginコマンドを実行すると、アクセストークンの入力を求められます。アクセストークンはステップ3で表示される画面に表示されています。

```
$ warg login --registry your-namespace.wa.dev
? Enter auth token for registry: your-namespace.wa.dev ›
```

なお初回ログイン時には、トークンの入力前に次のようなメッセージが表示されます。これにyesを設定すると、--registryオプションで指定したレジストリーが標準のレジストリーとして利用されます。

```
✔ Set `https://your-namespace.wa.dev/` as your home (or default) registry? ·
```

上記のメッセージのyour-namespace.wa.devの部分は、取得したネームスペースによって変わります。上記の例はyour-namespaceというネームスペースを取得した場合の例です。

なお、ログインの状態やパッケージのキャッシュなどは`wit-cli`や`cargo component`などと共有されます。そのため`warg`コマンドでログイン後、他のツールからログインする必要はありません。

6.4 WITによるインターフェース定義

次にロードしたPNGの画像データをWasmコンポーネントから操作するためのインターフェースを定義します。定義されるインターフェースは、Wasmコンポーネントが操作するデータの種類によって変わります。ここではWasmコンポーネントはスキャンラインを操作するものとして、インターフェースを定義します。

スキャンラインを操作する関数を定義するためには、まずスキャンラインを表現するデータ型をWITで定義する必要があります。

6.4.1 witファイルを保持するフォルダーの作成

インターフェースをWITで定義する前に、witファイルを保存するためのフォルダーを作成します。これまではWasmコンポーネントを作成するためのプロジェクトフォルダーにwitファイルも保存してきましたが、今回はホストコードのプロジェクトフォルダーにwitファイルを保存します。

ホストコードは6.1節で作成したCLIアプリになります。プロジェクトフォルダーの直下に、`wit`フォルダーを作成します。

```
# 「グリッチアート」の節で作成したCLIアプリのプロジェクトフォルダーで作業を行います
$ pwd
/somewhere/png-glitch-cli

# プロジェクトフォルダーにwitフォルダーを作成します
$ mkdir wit

# witフォルダーが作成されていることを確認します
$ ls
Cargo.lock  Cargo.toml  src  target  wit
```

この節で作成するwitファイルは、最終的にWITパッケージとしてレジストリーに登録します。そのための初期化処理を行います。

```
# 作成したwitフォルダーで作業を行います
$ pwd
/shomewhere/png-glitch-cli/wit

# wit initコマンドを実行して、初期化を行います
$ wit init
    Created configuration file `./wit.toml`

# 作成されたwit.tomlは、WITパッケージのマニフェストファイルです
# 次のようにWITパッケージのバージョン番号が定義されています
$ cat wit.toml
version = "0.1.0"
```

witコマンドを使って、witファイルの文法チェックを行えます。witコマンドの実行のためにはwit.tomlが必要です。レジストリーにWITパッケージを登録しない場合でも、wit initコマンドによる初期化をお勧めします。

6.4.2 WITにおけるユーザー定義型

スキャンラインは次の2つのデータから構成されています。この2つのデータをWITで表現し、それを組み合わせることでスキャンラインをWITで表現します。

- 適用されるフィルターの種類
- フィルターが適用されたピクセルデータの列

適用されるフィルターには、次の5種類があります。

- None
- Sub
- Up
- Average
- Paeth

1つのピクセルデータは1バイトのデータで表現されています。つまりピクセルデータの列は、次のようにRustで記述できます。

```
let pixel_data: Vec<u8>
```

WITでスキャンラインを定義するためには、フィルターの種類とピクセルデータの列をWITで表現する必要があります。

○ enum要素を用いたフィルターの種類の表現

Rustでフィルターの種類を表現するには、次のように列挙型を利用します。この節では下記の列挙型をWITで表現します。

```
enum FilterType {
    None,
    Sub,
    Up,
    Average,
    Paeth,
}
```

WITには次の2つの列挙型を表す要素が用意されています。値を保持する要素が必要な場合は後者を、そうでない場合は前者を利用します。

- enum
- variant

今回の用途では、値を保持する要素は必要ありません。つまりフィルターの種類は次のようにenum要素を用いて表現します。Rustと同様に要素を列挙する形でfilter-typeを定義します（**リスト 6.1**）。

リスト 6.1　フィルターの種類を表すfilter-type

```
enum filter-type {
    none,
    sub,
    up,
    average,
    paeth,
}
```

> WITではケバブケースを利用します。区切り文字には-を利用します。_は利用できないことに注意してください。

○構造体の定義

スキャンラインをRustでは、次のような構造体として定義できます。この節では、下記の構造体をWITで定義します。

```
struct ScanLine {
    filter_type: FilterType,
    pixel_data: Vec<u8>,
}
```

WITでは構造体を`record`要素を用いて定義します。またリスト構造は`list`要素として表現します。以上をふまえて上記の構造体をWITで定義すると、**リスト6.2**のようになります。

リスト6.2　スキャンラインを表すscan-line

```
record scan-line {
    filter-type: filter-type,
    pixel-data: list<u8>,
}
```

上記で利用した`u8`は1バイトの符号なし整数を意味します。

○インターフェースとワールドの定義

定義した`filter-type`（**リスト6.1**）と`scan-line`（**リスト6.2**）を利用してインターフェースとワールドを定義します。具体的には、6.4.1で作成したwitフォルダーに新しく`world.wit`を作成し、**リスト6.3**のような定義を記述します。

リスト6.3　インターフェースとワールドの定義

```
package your-namespace:glitch-art;

interface png-glitchable {
    enum filter-type {
        none,
        sub,
        up,
        average,
        paeth
    }
```

```
    record scan-line {
        filter-type: filter-type,
        pixel-data: list<u8>,
    }

    glitch: func(scan-line: scan-line) -> scan-line;
}

world png-glitcher{
    export png-glitchable;
}

world png-glitch-cli {
    import png-glitchable;
}
```

png-glitchableがスキャンラインを変更する機能を表すインターフェースで、png-glitcherはpng-glitchableの実装を提供することを表すワールドです。またCLIアプリをWasmコンポーネントとしても実装できるように、png-glitchableをインポートするワールドpng-glitch-cliも併せて定義します。

なおWasmコンポーネントはホストコードとメモリー空間を共有しません。つまりWasmコンポーネント側で構造体の属性値やバイト列の値を変更したとしても、その変更はホストコードの側には伝わりません。Wasmコンポーネント内での変更をホストコード側に伝えるためには、変更結果を返り値として返す必要があります。そのためscan-line()関数は変更後のscan-lineレコードを返すように定義されています。

package要素に記述するネームスペースには、wa.devに登録したご自身のネームスペースを利用してください。上記は、your-namespaceというネームスペースを登録した場合の例です。

wit buildコマンドを使って、作成したwitファイルの文法チェックが行えます。たとえばパッケージIDが設定されていない場合、次のようなエラーが出力されます。

```
$ wit build
error: failed to parse package from directory `/somewhere/png-glitch-cli/wit`

Caused by:
    no `package` header was found in any WIT file for this package
```

なおwit buildはWITパッケージを作成するためのコマンドです。witファイルに文法エラーがない場合は、次のようにWITパッケージがWasmファイルとして作成されます。

```
$ wit build
    Created package `glitch-art.wasm`
```


6.5 WITパッケージをコンポーネントレジストリーに登録

作成したWITパッケージをレジストリーに登録します。なおwa.devはパッケージごとに公開設定を管理できます。非公開に設定したパッケージは、第三者から参照されることはありません。

このステップは、CLIアプリを作成するという点からは必須ではありませんが、以下の点で作業が効率的になるように思っています。

- ホストコード作成用のプロジェクトと、Wasmコンポーネント作成用のプロジェクトを独立して開発できます
- 上記の2プロジェクト間で、witファイルのコピーや同期の必要がなくなります
- witファイルへのパスをハードコードする必要がなくなります

レジストリーは登録したWITパッケージのバージョンを管理します。このバージョンは、Wasmコンポーネントの合成やインスタンス化の際に確認されます。コンポーネントのバージョンが、期待するものと合致する場合だけ合成やインスタンス化が成功します。

さて、wa.devへのWITパッケージの登録には`wit publish`コマンドを利用します。`warg`コマンドでwa.devにログインしたあと、次の2つのステップでWITパッケージを登録します。

1. WITパッケージの名前を登録します
2. WITパッケージのデータをレジストリーに送信します

具体的な操作は次のとおりです。

```
# 先のステップで作成したwitフォルダーで作業を行います
$ pwd
/shomewhere/png-glitch-cli/wit

# フォルダーにwitファイルとwit.tomlが存在することを確認します
$ ls
glitch-art.wasm  wit.lock  wit.toml  world.wit

# WITパッケージの名前をwa.devに登録します
$ wit publish --init
  Publishing package `your-namespace:glitch-art`
# パッケージのハッシュ値などが表示されますが、省略します

# WITパッケージをwa.devに送信します
$ wit publish
  Publishing package `your-namespace:glitch-art`(sha256: #パッケージのハッシュ値が表示されます)
   Published package `your-namespace:glitch-art` v0.1.0
```

送信時に保存されている秘密鍵にアクセスします。その際に、**図6.6**のような秘密鍵へのアクセスへの許可を求めるダイアログが表示されることがあります。表示された場合は、アクセスを許可してください。

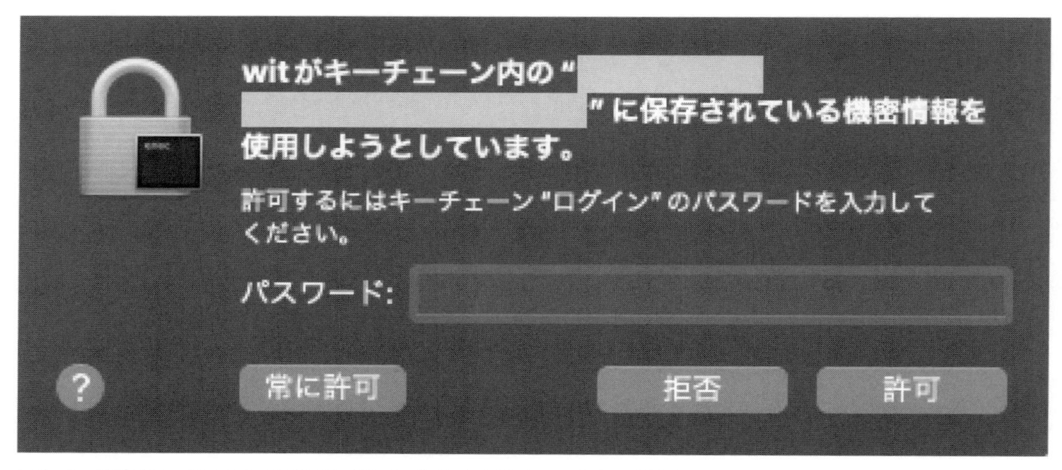

図6.6　秘密鍵へのアクセス許可を求めるダイアログ（macOSの場合）

登録されたパッケージはwa.devで確認できます。Webブラウザーで登録したネームスペースにアクセスすると、該当のパッケージ名が箇条書きで表示されます。パッケージ名をクリックすると**図6.7**のような画面が表示され、パッケージ内のワールドやインターフェースを閲覧できます。

図6.7 wa.devに登録されたWITパッケージ（一部）

なお、登録されたパッケージは非公開に設定されています。第三者に閲覧を許可するには、wa.devのWebページから設定が必要です。

6.6 インターフェースを実装

6.5節でレジストリーに登録したWITパッケージを、以下のステップで実装します。

1. Rustプロジェクトを作成します
2. インターフェースを実装します
3. 作成した実装をレジストリーへ登録します

6.6.1 Rustプロジェクトの作成

`cargo component new`コマンドを使ってプロジェクトを作成します。このとき、実装するワールドを--targetオプションで指定できます。また、作成するWasmパッケージをレジストリーに登録する際に使用されるネームスペースも、オプションで指定できます(**表6.3**)。

表6.3 cargo component newコマンドのオプション

オプション	意味	指定する値
--target	実装するワールドの指定	your-namespace:glitch-art/png-glitch@0.1.0
--namespace	作成するWasmコンポーネントの属するネームスペース	your-namespace

指定する値の列にあるyour-namespaceは、取得されたネームスペースに置き換えてください。取得されたネームスペースがfooだった場合、--targetオプションにはfoo:glitch-art/png-glitch@0.1.0を指定します。

cargo component newコマンドの実行例は、次のとおりです。--libオプションを指定することに注意してください。

```
$ cargo component new --lib --target your-namespace:glitch-art/png-glitcher@0.1.0 --namespace your-
namespace first-glitch-art
    Updating component registry package logs
    Creating library `first-glitch-art` package
note: see more `Cargo.toml` keys and their definitions at https://doc.rust-lang.org/cargo/reference/
manifest.html
     Updated manifest of package `first-glitch-art`
   Generated source file `src/lib.rs` for target `your-namespace:glitch-art` v0.1.0
```

上記の例では実装するワールドを、バージョン番号を含めて指定していますが、**表6.4**のようにバージョン番号やワールド名を省略できる場合があります。

表6.4 ワールドの省略記法

省略記法	省略されたもの	利用条件
your-namespace:glitch-art/png-glitcher	バージョン番号	最新のWITパッケージを利用する場合
your-namespace:glitch-art@0.1.0	ワールド名	WITパッケージにワールドの定義が1つしかない場合
your-namespace:glitch-art	ワールド名、バージョン番号	最新のWITパッケージにワールドの定義が1つしかない場合

6.6.2 インターフェースの実装

6.6.1節で作成したRustプロジェクトの構成は、次のようになっています。--targetオプションで実装するワールドを指定したため、witフォルダーが作成されていないことに注意してください。

```
first-glitch-art
├── Cargo.toml
└── src
  └── lib.rs
```

src/lib.rsは、次のようになっています。glitch()関数を実装すれば良いことがわかります。

```
#[allow(warnings)]
mod bindings;

use bindings::exports::your_namespace::glitch_art::png_glitchable::{Guest, ScanLine};

struct Component;

impl Guest for Component {
    fn glitch(
        scan_line: ScanLine,
    ) -> bindings::exports::your_namespace::glitch_art::png_glitchable::ScanLine {
        unimplemented!()
    }
}

bindings::export!(Component with_types_in bindings);
```

glitch()関数では、引数で与えられたScanLineオブジェクトの値を操作します。**リスト 6.4**では最初のピクセルデータの値をランダムな値に書き換えています。scan_lineを変更できるように、glitch()関数の引数を変更しています。

リスト 6.4 src/lib.rsでglitch()関数の引数を変更

```
#[allow(warnings)]
mod bindings;

use rand::Rng;
use bindings::exports::your_namespace::glitch_art::png_glitchable::{Guest, ScanLine};
```

```
struct Component;

impl Guest for Component {
    // 返り値の型をbindings::exports::your_namespace::glitch_art::png_glitchable::ScanLineからScanLineに置き換えます
    // またパラメーターにmutキーワードをつけて、値を変更可能にします
    fn glitch(mut scan_line: ScanLine) -> ScanLine {
        // 乱数ジェネレーターを作成します
        let mut rng = rand::thread_rng();
        // 最初のピクセルをランダムな値に設定します
        scan_line.pixel_data[0] = rng.gen_range(0..=255);
        scan_line
    }
}

bindings::export!(Component with_types_in bindings);
```

上記のコードをビルドするためには、randクレートが必要です。次のようにcargo addコマンドを実行して、プロジェクトの依存関係にrandクレートを追加します。

```
$ cargo add rand
    Updating crates.io index
      Adding rand v0.8.5 to dependencies
# featureのリストなどが表示されます。省略します
```

上記の例はwasi:cliが必要な機能を利用しているので、wasm32-wasip1をターゲットにビルドします。

```
$ cargo component build -r
# ビルドメッセージが表示されます。省略します
```

6.6.3 Wasmパッケージの登録

cargo component publishコマンドを用いて、作成したWasmコンポーネントをWasmパッケージとしてwa.devに登録します。

```
$ cargo component publish
# ビルドメッセージが表示されます。省略します
? Package `your-namespace:first-glitch-art` was not found.
If it exists, you may not have access.
```

```
Attempt to create `your-namespace:first-glitch-art` and publish the release y/N
✔ Package `your-namespace:first-glitch-art` was not found.
If it exists, you may not have access.
# レジストリーにパッケージが見つからなかったため、名前を登録するかどうか尋ねています
# yを押して、パッケージ名の登録とパッケージの送信を行います
Attempt to create `your-namespace:first-glitch-art` and publish the release y/N
```

登録されたパッケージは、wa.devのWebサイトで確認できます（**図6.8**）。

```
first-glitch-art
Version: 0.1.0  sha256:f56dc03  component

imports wasi: cli, clocks, filesystem, io

exports chikoski: glitch-art/png-glitchable
png-glitchable interface

filter-type: enum {
  none
  sub
  up
  average
  paeth
}
scan-line: record {
  filter-type: filter-type
  pixel-data: list<u8>
}

glitch(scan-line: scan-line)
```

図6.8　wa.devに登録されたWasmパッケージ

レジストリーにwasm32-unknown-unknownをターゲットにしたWasmコンポーネントを登録する場合は、--targetオプションでターゲットを明示する必要があります。明示しない場合、wasm32-wasip1をターゲットにビルドされたWasmコンポーネントがレジストリーに登録されます。

```
$ cargo component publish --target wasm32-unknown-unknown
```

cargo component publishは、レジストリーに登録するネームスペースやパッケージIDをCargo.tomlの記述から決めます。この節で述べた方法で作成されたRustプロジェクトのCargo.tomlには、package.metadata.componentセクションが追加されています。そのpackage属性の値が、WasmパッケージのIDとして利用されます。

```
[package.metadata.component]
package = "your-namespace:first-glitch-art"
target = "your-namespace:glitch-art/png-glitcher@0.1.0"
```

なおプロジェクト作成時に指定した実装するワールドの名前は、上記のtarget属性に保存されます。参照するWITパッケージのバージョンを更新する場合は、この値を変更します。

6.7 CLIアプリの改変

前節で登録したWasmコンポーネントを利用するように、6.1節で作成したCLIプログラムを変更します。基礎となるプログラム（以降、png-glitch-cliと呼びます）は、**リスト6.5**のようになっています。

リスト 6.5　基礎となるCLIプログラム

```
use clap::Parser;
use png_glitch::PngGlitch;

#[derive(Parser, Debug)]
pub struct Cli {
    // -o オプションでグリッチアートを出力するファイル名を指定します
    // 指定されなかった場合は、glitched.pngに出力します
    #[arg(short, default_value = "glitched.png")]
    pub output_file: String,
    pub input_file: String,
}

fn main() {
    let cli = Cli::parse();

    if let Err(e) = start(&cli) {
        println!("{:?}", e);
    }
}

fn start(cli: &Cli) -> anyhow::Result<()> {
    // 指定されたPNGファイルを操作するPngGlitchオブジェクトを作成します
    let mut glitch = PngGlitch::open(&cli.input_file)?;
    // 画像を操作します
    run(&mut glitch);
    // グリッチアートをファイルに出力します
    glitch.save(&cli.output_file)?;
    Ok(())
}

// 実際にグリッチアートを作成する関数です
fn run(glitch: &mut PngGlitch) {
    // スキャンラインのデータを操作します
    glitch.foreach_scanline(|scanline| {
        scanline.update(3, 0);
    });
}
```

またCargo.tomlは次のようになっています。anyhow、clap、そしてpng-glitchの3クレートを利用します。なお、clapクレートはderiveフィーチャーが有効になっています。

```
[package]
name = "png-glitch-cli"
version = "0.1.0"
edition = "2021"

[dependencies]
anyhow = "1.0.86"
```

```
clap = { version = "4.5.15", features = ["derive"] }
png-glitch = "0.3.0"
```

上記のコードの変更手順は、次のとおりです。

1. Cargo.tomlを変更し、実装するワールドを指定します
2. cargo componentを利用するために必要なクレートを依存関係に追加します
3. インポートされるyour-namespace:glitch-art/glitchableインターフェースの実装を利用するようにプログラムを変更します
4. Wasmコンポーネントとしてビルドします
5. ビルドされたWasmコンポーネントと、前節で実装したyour-namespace:first-glitch-artパッケージとを合成します

6.7.1 ワールドの指定

Cargo.tomlに次の内容を追加します。

1. package.metadata.componentセクションを追加します
2. 追加したセクションにpackage属性を追加し、作成するWasmコンポーネントのパッケージIDを宣言します
3. 追加したセクションにtarget属性を追加し、your-namespace:glitch-art/png-glitch-cli@0.1.0ワールドを実装することを宣言します

変更内容は、次のようになります。なおyour-namespaceの部分は、登録されたネームスペースに変更してください。

```
# パッケージの定義や、依存関係の宣言などがありますが省略します

# 以下の内容を追加します
[package.metadata.component]
package = "your-namespace:png-glitch-cli"
target = "your-namespace:glitch-art/png-glitch-cli@0.1.0"
```

6.7.2 必要なクレートを依存関係に追加

cargo componentコマンドを利用するためには、以下のクレートが必要です。cargo addコマンドを使って、依存関係に追加します。

- wit-bindgen-rt
- bitflags

コマンドの実行例は次のようになります。

```
$ cargo add wit-bindgen-rt
Updating crates.io index
  Adding wit-bindgen-rt v0.27.0 to dependencies
# Featuresが表示されますが省略します

$ cargo add bitflags
    Updating crates.io index
      Adding bitflags v2.6.0 to dependencies
# Featuresが表示されますが省略します
```

6.7.3 プログラムの変更

プログラムを変更して、Cargo.tomlに宣言したワールドを実装します。大きく分けて次の3つの変更を加えます。

- WITから生成されるbindingsモジュールを、main.rsで宣言します
- png-glitch:FilterType型と、WITから生成されるFilterType型とを相互に変換する関数を定義します
- WITから生成されるglitch()関数を呼ぶように、run()関数を変更します

まずbindingsモジュールをワールドの定義から生成します。生成にはcargo component buildコマンドを実行します。

```
# 以下は、「グリッチアート」の節で作成したプロジェクトフォルダー内で実行します

# プロジェクトフォルダーが作業フォルダーであることを確認します
$ pwd
/somewhere/png-glitch-cli

# cargo component buildコマンドを実行します
$ cargo component build
  Generating bindings for png-glitch-cli (src/bindings.rs)
   Compiling png-glitch-cli v0.1.0 (/somewhere/png-glitch-cli/png-glitch-cli)
    Finished `dev` profile [unoptimized + debuginfo] target(s) in 0.51s
    Creating component target/wasm32-wasip1/debug/png-glitch-cli.wasm

# src/bindings.rsが生成されていることを確認します
$ ls src/bindings.rs
src/bindings.rs
```

次に生成されたbindingsモジュールを利用可能にするために、モジュールをmain.rsで宣言します（**リスト 6.6**）。

リスト 6.6　main.rs でモジュールを宣言

```
use std::io::{Read, Write};
use clap::Parser;
use png_glitch::{FilterType, PngGlitch};

// モジュールの宣言を追加します
mod bindings;

// ソースコードが続きますが、省略します
```

bindingsモジュールには、スキャンラインの値を変更する関数glitch()が定義されています。この関数はWITで記述されたインターフェース定義から生成されています。またこの関数のパラメーターであるScanLine型もインターフェース定義から生成され、bindingsモジュールに定義されています。

一方png-glitchクレートもScanLine型を定義していますが、この型の値を引数に指定してglitch()関数を呼ぶことはできません。glitch()関数を呼ぶためには、png-glitchクレートの提供するデータ型から、WITから生成されたデータ型への変換が必要となります。またglitch()関数の返り値の型は、インターフェース定義から生成されたScanLine型です。これを利用してpng-glitchクレートの提供するScanLineの値を更新する必要があります。つまりWasmコンポーネントが提供するglitch()関数を利用するためには、png-glitchとbindingsの2つのモジュールが提供するデータ型を、**表 6.5**のとおりに相互に変換する必要があります。

表6.5 必要とされるデータ型の変換

png-glitchクレートの型	対応する生成されたデータ型
png-glitch::ScanLine	bindings::your_namespace::glitch_art::png_glitchable::ScanLine
png-glitch::FilterType	bindings::your_namespace::glitch_art::png_glitchable::FilterType

まず2つのFilterType型の相互変換を実装します。**リスト6.7**のようにFromトレイトを両方のFilterTypeに実装することで、into()メソッドやfrom()関数を使って相互の型を変換できるようになります。

リスト6.7 main.rsでFromトレイトを実装

```
use std::io::{Read, Write};
use clap::Parser;
use png_glitch::{FilterType, PngGlitch};

mod bindings;

// 名前の重複を避けるために、生成されたFilterType型やScanLine型に別名を付けています
use bindings::your_namespace::glitch_art::png_glitchable::{
    glitch, FilterType as WasmFilterType, ScanLine as WasmScanLine,
};

// WasmFilterTypeからFilterTypeへ変換するための関数を実装します
impl From<WasmFilterType> for FilterType {
    fn from(value: WasmFilterType) -> Self {
        match value {
            WasmFilterType::None => FilterType::None,
            WasmFilterType::Up => FilterType::Up,
            WasmFilterType::Sub => FilterType::Sub,
            WasmFilterType::Average => FilterType::Average,
            WasmFilterType::Paeth => FilterType::Paeth,
        }
    }
}

// FilterTypeからWasmFilterTypeへ変換するための関数を実装します
impl From<FilterType> for WasmFilterType {
    fn from(value: FilterType) -> Self {
        match value {
            FilterType::None => WasmFilterType::None,
            FilterType::Up => WasmFilterType::Up,
            FilterType::Sub => WasmFilterType::Sub,
            FilterType::Average => WasmFilterType::Average,
            FilterType::Paeth => WasmFilterType::Paeth
        }
    }
}
```

```
// 以下はCLIの実装ですが、省略します。
```

次にglitch()関数を呼び出すようにrun()関数を変更します。run()関数の中で、ScanLineオブジェクトとWasmScanLineオブジェクトの相互変換を行っています（**リスト6.8**）。

リスト6.8　main.rsでrun()関数を変更

```
fn run(png_glitch: &mut PngGlitch) {
    // スキャンラインのデータを操作します
    png_glitch.foreach_scanline(|scanline| {
        // scanlineオブジェクトをコピーして、WasmScanLineオブジェクトを作成します

        let mut pixel_data = vec![];
        // scanlineオブジェクトのピクセルデータをコピーします
        if let Ok(_) = scanline.read_to_end(&mut pixel_data) {
            // scanlineオブジェクトのfilter_type属性の値をコピーし、WasmFilterType型の値に変換します
            let filter_type = scanline.filter_type().into();
            // コピーされたデータからWasmScanLineオブジェクトを作成します
            let wasm_scan_line = WasmScanLine{filter_type, pixel_data};

            // 作成したWasmScanLineオブジェクトを引数にglitch()関数を呼びます
            let returned_scan_line = glitch(&wasm_scan_line);

            // glitch()関数で操作されたWasmScanLineオブジェクトを使って、scanlineオブジェクトを変更します
            //
            // WasmFilterTypeオブジェクトをFilterTypeオブジェクトに変換します
            // 得られたFilterTypeオブジェクトを引数にset_filter_typeメソッドを呼ぶことで
            // PNG画像の各スキャンラインに設定されているフィルタータイプを更新します
            scanline.set_filter_type(returned_scan_line.filter_type.into());
            // WasmScanLineのピクセルデータでscanlineオブジェクトのピクセルデータを更新します
            let _ = scanline.write(&returned_scan_line.pixel_data);
        }
    });
}
```

6.7.4 Wasmコンポーネントとしてビルド

cargo component buildコマンドを使ってビルドします。下記の例では、-rオプションを付けてリリースビルドとしてビルドしています。

```
$ cargo component build -r
   Compiling png-glitch-cli v0.1.0 (/somewhere/png-glitch-cli)
# 依存するクレートのビルドも行われますが、省略します
    Finished `release` profile [optimized] target(s) in 0.88s
    Creating component target/wasm32-wasip1/release/png-glitch-cli.wasm
```

6.7.5 Wasmコンポーネントの合成

6.6.3節でwa.devに登録したyour-namespace:first-glitch-artパッケージと、6.7節で作成したyour-namespace:png-glitch-cliとを合成して、PNGファイルからグリッチアートを作成するWasmコンポーネントを作成します。合成にはwac plugコマンドを利用します。下記のように--plugオプションにパッケージIDを指定すると、wacコマンドはレジストリーからWasmパッケージをダウンロードし、指定されたWasmファイルと合成します。

```
# ---plugオプションにはyour-namespace:first-glitch-artを指定します
# これはpng-glitch-cli.wasmが依存するインターフェースを、your-namepsace:first-glitch-artパッケージが提供するためです
$ wac plug --plug your-namespace:first-glitch-art target/wasm32-wasip1/release/png-glitch-cli.wasm -o first-glitch.wasm

$
```

6.7.6 実行結果

合成されたWasmコンポーネントは、wasmtimeコマンドを利用して実行できます。実行されたWasmコンポーネントは、--dirオプションでアクセスが許可されたフォルダーから、引数で指定されたPNGファイルをロードし、スキャンラインを操作した結果をglitch.pngとして出力します。

```
# ./png/original.pngからグリッチアートを作成します

# --dirオプションで、./pngを/としてWasmコンポーネントに露出します
$ wasmtime --dir=./png::/ first-glitch.wasm original.png

# 作成されたグリッチアートは./pngに出力されます
$ ls png
glitched.png  original.png
```

これで作成されたグリッチアートは、**図6.9**のようになります。

図6.9 first-glitch.wasmで作成されたグリッチアートの例

6.8 補足として

この章で扱った内容に関して、次の2点について補足します。

- WITで利用できるデータ型について
- パッケージのバージョン管理について

6.8.1 WITのデータ型について

この章で利用したu8以外に、WITには**表6.6**の整数型があります。

表6.6 WITの整数型

型	符号	サイズ	対応するRustのデータ型
u8	なし	8ビット	u8
u16	なし	16ビット	u16
u32	なし	32ビット	u32
u64	なし	64ビット	u64
s8	あり	8ビット	i8
s16	あり	16ビット	i16
s32	あり	32ビット	i32
s64	あり	64ビット	i64

整数型以外にもWITではさまざまなデータ型が利用できます。利用できる型は**表6.7**のとおりです。

表6.7 WITのデータ型

型	識別子	説明
真偽値	bool	trueもしくはfalseの値を持つ
符号つき整数	s8、s16、s32、s64	-
符号なし整数	u8、u16、u32、u64	-
浮動小数点	f16、f32	f16は16ビット、f32は32ビット
文字	char	ユニコード文字
文字列	string	ユニコード文字から成る文字列
リスト	list<T>	T型の値を要素とするリスト
Option型	option<T>	T型の値を持つか、値を持たないことを表す
Result型	result<T, F>	成功もしくは失敗を表す。成功する場合はT型の値を持ち、失敗した場合はF型の値を持つ
タプル	tuple<A, B>	1つ以上の値を並べたデータを表す

これらの型を組み合わせてデータ型を定義できます。recordは代表例ですが、それ以外にも**表6.8**のキーワードがあります

表6.8 WITで定義できるデータ型

キーワード	説明
record	複数のデータを名前付きで構造化するために利用する
enum	値を持たない列挙型を定義するために利用する
variant	値を持つパターンが含まれる列挙型を定義するために利用する
resource	ファイルやblobのような、コンポーネントの外に存在するリソースを操作するためのハンドルを表す
flags	複数の真偽値を名前付きで構造化するために利用する

6.8.2 パッケージのバージョン管理

レジストリーはWITパッケージや、Wasmパッケージのバージョンを管理します。WITパッケージであればwit.tomlに、WasmパッケージであればCargo.tomlに記述したバージョン番号がバージョン管理に利用されます。

これらのパッケージに付くバージョン番号はセマンティックバージョニングに従っていることが期待されています。つまりバージョン番号はX.Y.Zの形式であって、それぞれ**表6.9**のような意味を持っています。

表6.9 セマンティックバージョニング

位置	呼び名	意味
X	メジャーバージョン番号	後方互換性の保たれない変更がある場合、必ず値が更新される。また、0の場合はAPIが変更される可能性があることを表す
Y	マイナーバージョン番号	後方互換性を保ちつつ、機能性を追加した場合に更新する
Z	パッチバージョン番号	後方互換性を保ちつつ、バグ修正を行った場合に更新する

パッケージはセマンティックバージョニングに従って管理されるため、一度登録したWITパッケージや、Wasmパッケージを更新する場合には、バージョン番号も併せて更新しなければなりません。

一度登録したバージョンをレジストリーから削除することはできませんが、利用できないように設定することはできます。設定には、warg publish yankコマンドを利用します。次のように--nameオプションでパッケージIDを、--nameオプションで設定するバージョン番号に指定します。次の例ではyour-name-space:glitch-artパッケージのバージョン0.1.0は利用できないように設定します。

```
$ warg publish yank --name your-namespace:glitch-art --version 0.1.0
? `Yank` revokes a version, making it unavailable. It is permanent and cannot be reversed.
Yank `0.1.0` of `your-namespace:glitch-art`? (y/n) ›  yes
esyanked version 0.1.0 of package `your-namespace:glitch-art`
```

wa.devでは、利用できないように設定したパッケージは**図6.10**のように表示されます。バージョン番号には取り消し線が引かれ、パッケージが利用できない旨が表示されます。

図6.10　利用できなくなったパッケージ

6.9 まとめ

この章ではPNGファイルからグリッチアートを出力するCLIアプリの作成を通じて、次のことに触れました。

- WITでのユーザー定義型について
- WITパッケージの作成と、レジストリーへの登録について
- WITパッケージをターゲットにしたWasmコンポーネントの作成と、レジストリーへの登録について
- レジストリーに登録されたWasmパッケージとの合成について

レジストリーを使うことによって、作成したWITパッケージやWasmパッケージの再利用が簡単になることが感じられたのではないでしょうか。

この章ではWITパッケージを利用してWasmコンポーネントを作成しました。異なるWasmコンポーネントも、実装するワールドさえ同じであればホストコードからは違いを意識することなく利用できます。つまり利用するWasmコンポーネントを切り替えさえすれば、容易に振る舞いを変更できるようになります。この章で作成したグリッチアートであれば、合成するWasmコンポーネントを変更するだけで、ホストコードを変更しなくても異なるグリッチアートを出力できるようになります。

WITで定義されたワールドはRust以外のプログラミング言語でも実装できます。`cargo-component`や`wasmtime`は`wit-bindgen`クレートを使って、Rustのコードを出力していますが、このクレートはRust以外にも次の言語に対応しています。

- C/C++
- Java
- TinyGo

実装されたWasmコンポーネントを実行するホストコードも、Rust以外の言語で記述できます。`wasmtime`はRustに加えてPythonのホストコードを出力する機能があります。また

jco[注6.9]と呼ばれるツールを使うことで、JavaScriptからWasmコンポーネントを利用するためのコードを生成することができます。これらのツールを使うことで、さまざまな言語で書かれたプログラムを別の言語で書かれたプログラムに組み込んで利用できます。Wasmコンポーネントと WIT はその中心となる存在です。

第7章と第8章では、Wasmコンポーネントの CLI アプリ以外での利用方法について述べます。具体的には作成したWasmパッケージを用いてWeb APIを実装し、コンテナ上で実行します。

注6.9 https://github.com/bytecodealliance/jco

第 7 章

サーバーアプリケーションの開発

この章ではWasmを利用したサーバーサイドアプリケーションの開発を通じて、HTTPリクエストをハンドリングするプログラムのワールドwasi:http/proxyについて学びます。

7.1 本章で作成するサーバーアプリケーション

これまでの章はコマンドラインインターフェースアプリ（CLIアプリ）を作成してきました。この章では、これまでの章で作成したパッケージを利用して、サーバーサイドで動作するプログラムを作成します。

具体的には、第6章で作成したグリッチアートを作成するWasmパッケージを利用して、送信されたPNGファイルをグリッチアートに変換するWeb APIを実装します。まずは`wasi:http/proxy`ワールドを実装する形で実装したあと、その実装をイベント駆動型のマイクロサービスフレームワークであるSpinに統合します。

この章はHyper Text Transfer Protocol（HTTP）の基本的な知識を前提にしています。次の項目に関するおおまかな知識をお持ちであれば読み進めていただけます。不案内な方は、HTTPに関する入門書やWeb APIの実装に関する入門書を参照されると良いでしょう。

- Uniform Resource Locator（URL）の書式
- HTTP 1.1の用語と振る舞い
  - HTTPリクエストに含まれる主な情報（メソッド、ヘッダー、ボディ）
  - HTTPレスポンスを構成する主な要素（ステータスコード、ヘッダー、ボディ）

7.2 Hello, wasi:http/proxy

まずは`wasi:http/proxy`ワールド版のHello, world!、つまりWebブラウザーでアクセスすると、**図7.1**のように`Hello, world!`を出力するサービスを実装します。

図7.1 wasi:http/proxyを実装したHello, world!

実装は次のステップで行います。

1. プロジェクトを作成します
2. 実装します
3. Webブラウザーを使って動作を確認します

それぞれのステップを項に分けて説明します。

7.2.1 プロジェクトの作成

`cargo component new`コマンドを実行して、プロジェクトフォルダーを作成します。オプションを**表7.1**のように指定します。

表7.1 cargo component newコマンドのオプション

オプション	値
`lib`	なし
`target`	`wasi:http/proxy`
`namespace`	`your-namespace`

なお`namespace`オプションには、`wa.dev`に登録されたご自身のネームスペースを指定してください。また`--lib`オプションには値を指定する必要はありません。

コマンドは次のように実行します。途中で`wasi.wa.dev`をレジストリーとして参照するかどうか尋ねられます。`y`を入力して処理を続けます。

```
$ cargo component new --lib --target wasi:http/proxy --namespace your-namespace hello-wasi-http
    Updating component registry package logs
? Package `wasi:http` is not in `your_namespace.wa.dev` registry.
Registry recommends using `wasi.wa.dev` registry for packages in `wasi` namespace.
Accept recommendation y/N
✔ Package `wasi:http` is not in `your_namespace.wa.dev` registry.
Registry recommends using `wasi.wa.dev` registry for packages in `wasi` namespace.
Accept recommendation y/N
 · yes
 Downloading component registry packages
    Creating library `aaa` package
note: see more `Cargo.toml` keys and their definitions at https://doc.rust-lang.org/cargo/reference/
manifest.html
     Updated manifest of package `aaa`
   Generated source file `src/lib.rs` for target `wasi:http` v0.2.0
```

7.2.2 実装

cargo component newコマンドが作成したプロジェクトフォルダーは、次の構造をしています。

```
hello-wasi-http
├── Cargo.lock
├── Cargo.toml
└── src
    └── lib.rs
```

生成されたsrc/lib.rsは、**リスト7.1**のようになっています。

リスト7.1　生成されたsrc/lib.rs

```
#[allow(warnings)]
mod bindings;

use bindings::exports::wasi::http::incoming_handler::{Guest, IncomingRequest, ResponseOutparam};

struct Component;

impl Guest for Component {
    fn handle(request: IncomingRequest, response_out: ResponseOutparam) {
        unimplemented!()
    }
}

bindings::export!(Component with_types_in bindings);
```

bindings::exports::wasi::http::incoming_handler::Guestトレイトに定義されているhandle()関数を実装すれば良いことがわかります。

> この項ではbindings::exports::wasi::http::incoming_handlerに所属する関数や構造体はモジュールパスを省略して表記します。

実装するhandle()関数は、ホストコードから呼び出されます。その際に、HTTPリクエストを表現したIncomingRequest型のオブジェクトrequestと、HTTPレスポンスを作成するためのパラメーターであるResponseOutparam型のオブジェクトresponse_outが、パラメーターとして渡されます。

Hello, world!の実装にIncomingRequestオブジェクトは利用せず、ResponseOutparamオブジェクトを操作して**表7.2**のHTTPレスポンスを作成します。

表7.2　作成するHTTPレスポンス

HTTPレスポンスの項目	値
ステータスコード	200
Content-typeヘッダー	text/html
レスポンスボディ	Hello, world!

ResponseOutputparamオブジェクトの操作は次の順序で行います。

1. レスポンスヘッダーを表現するオブジェクトを作成します
2. HTTPレスポンスを表現するオブジェクトを作成し、ステータスコードやレスポンスボディを設定します
3. HTTPレスポンスの設定が終わったことを通知します

以上を実装したコードは、**リスト7.2**のようになります。

リスト7.2　handle()関数の実装

```
use bindings::exports::wasi::http::incoming_handler::{Guest, IncomingRequest, ResponseOutparam};
use bindings::wasi::http::types::{Headers, OutgoingResponse, FieldKey, FieldValue, OutgoingBody};

#[allow(warnings)]
mod bindings;
```

```
struct Component;

impl Guest for Component {
    fn handle(_: IncomingRequest, response_out: ResponseOutparam) {
        // レスポンスヘッダーをタプルで表現します
        // FieldKeyオブジェクトがひとつひとつのヘッダーを表し、
        // FieldValueオブジェクトがヘッダーの値を表します
        let headers = [
            (
                FieldKey::from("Content-Type"),
                FieldValue::from("text/html")
            )
        ];
        // 上記の配列からHeadersオブジェクトを作成します
        let headers = Headers::from_list(&headers).unwrap();

        // HTTPレスポンスを表すオブジェクトを作成します
        let response = OutgoingResponse::new(headers);

        // ステータスコードを設定します
        response.set_status_code(200).unwrap();

        // レスポンスボディを表したオブジェクトを取得します
        let body = response.body().unwrap();

        // レスポンスボディに"Hello, world!"を書き込みます
        // "Hello, world!"の前にbがついているのは、文字列をバイト列として扱うためです
        let stream = body.write().unwrap();
        stream.blocking_write_and_flush(b"Hello, world!").unwrap();

        // streamオブジェクトをdropして、書き込みが終了したことを通知します
        drop(stream);
        // レスポンスボディの操作が終わったことを通知します
        // OutgoingBody::finish()関数の2つめのパラメーターは、HTTP Trailerを表します
        OutgoingBody::finish(body, None).unwrap();

        // HTTPレスポンスの操作が成功したことを通知します
        ResponseOutparam::set(response_out, Ok(response));
    }
}

bindings::export!(Component with_types_in bindings);
```

7.2.3 Webブラウザーを使った動作確認

cargo componentコマンドには、wasi:http/proxyを実装したプロジェクトをビルドし、生成されたWasmコンポーネントを実行するコマンドcargo component serveがあります。

```
$ cargo component serve
   Compiling hello-wasi-http v0.1.0 (/somewhere/hello-wasi-http)
    Finished `dev` profile [unoptimized + debuginfo] target(s) in 1.44s
    Creating component target/wasm32-wasip1/debug/hello_wasi_http.wasm
     Running `target/wasm32-wasip1/debug/hello_world_http.wasm`
Serving HTTP on http://0.0.0.0:8080/
```

実行されたサービスには`http://0.0.0.0:8080/`でアクセスできます。アクセスすると、**図7.2**のように表示されます。

図7.2 Hello, world!の表示例

7.2.4 リソース

`wasi:http/proxy`を実装するコードには、`IncomingRequest`型や`OutputParam`型のようなデータ型が登場します。これらはすべてWITで記述されたインターフェース定義から生成されています。

`record`や`enum`などで定義されたデータ型にはメソッドは定義できませんでしたし、それらから生成されたRustの構造体にもメソッドや関連関数は定義されていませんでした。一方、上記のコードに登場するデータ型には関連関数やメソッドが定義されています。たとえば`OutgoingResponse`型には、オブジェクトを作成するための`new()`関数や、`set_status_code`メソッドがWITから生成されています。その理由はこれらのデータ型がリソースとして定義されているためです。

WITのリソースは、ファイルやblobのような、コンポーネントの外に存在するリソースを操作するためのハンドルを表します。リソースには状態があるため、同じ操作でも状態によって結果が異なります。たとえばファイルの場合、次のような状態を持ちます。同じ1バイト読むという操作でも、読み込んだバイト数によって読み込みの開始位置が異なるため、得られる値が異なる場合があります。

- ファイルに書き込まれたデータ
- 読み込んだバイト数

状態があること、また操作する対象がコンポーネントの外に存在することから、WITではリソースに対する操作をメソッドとして定義できます。たとえばOutgoingResponse型の生成元であるoutgoing-response型は、**リスト7.3**のように定義されています。

リスト7.3　outgoing-response型の定義

```
/// Represents an outgoing HTTP Response.
resource outgoing-response {
    /// Construct an `outgoing-response`, with a default `status-code` of `200`.
    /// If a different `status-code` is needed, it must be set via the
    /// `set-status-code` method.
    ///
    /// * `headers` is the HTTP Headers for the Response.
    constructor(headers: headers);
    /// Get the HTTP Status Code for the Response.
    status-code: func() -> status-code;
    /// Set the HTTP Status Code for the Response. Fails if the status-code
    /// given is not a valid http status code.
    set-status-code: func(status-code: status-code) -> result;
    /// Get the headers associated with the Request.
    ///
    /// The returned `headers` resource is immutable: `set`, `append`, and
    /// `delete` operations will fail with `header-error.immutable`.
    ///
    /// This headers resource is a child: it must be dropped before the parent
    /// `outgoing-request` is dropped, or its ownership is transfered to
    /// another component by e.g. `outgoing-handler.handle`.
    headers: func() -> headers;
    /// Returns the resource corresponding to the outgoing Body for this Response.
    ///
    /// Returns success on the first call: the `outgoing-body` resource for
    /// this `outgoing-response` can be retrieved at most once. Subsequent
    /// calls will return error.
    body: func() -> result<outgoing-body>;
}
```

この節ではwasi:http/proxyを実装するWasmコンポーネントを作成しました。作成したコンポーネントはcargo component serveコマンドを使って実行しました。

IncomingRequest型を操作することで、POSTされたデータの取得や、アクセスされたパスやパラメーターの取得も可能です。一方でIncomingRequestが提供する操作はプリミティブで、必要なデータを取得するための処理を自作する必要があります。またURLのパスに応じて、呼び出すWasmコンポーネントを変える「ルーティング」と呼ばれる機能もありません。そこでより抽象度の高いAPIを提供するフレームワークSpinを導入します。

7.3 Spinの導入と利用

SpinはFermyon社が開発しているオープンソースのマイクロサービスフレームワークで、次の特徴があります。

- イベント駆動型でサービスを記述できます
- `wasi:http/proxy@0.2.0`を実装したWasmコンポーネントをビルドします
- `wasi:http/proxy@0.2.0`を実装したWasmコンポーネントを、アプリの一部として動作させられます
- DockerやKubernetesでの実行に対応しています

この節ではSpinを導入し、先ほど作成した`hello-wasi-http`プロジェクトで作成したWasmコンポーネントを利用したサービスを作成します。

7.3.1 Spinの導入

Spinはインストーラーを実行してインストールします。

```
# ホームに移動します
$ cd

# ホームに.spinフォルダーを作成します
$ mkidr .spin

# 作成した.spinフォルダーに移動します
$ cd .spin

# Spinのインストーラーをダウンロードし、実行します
$ curl -fsSL https://developer.fermyon.com/downloads/install.sh | bash
```

```
Step 1: Downloading: https://github.com/fermyon/spin/releases/download/v2.6.0/spin-v2.6.0-macos-aarch64.tar
.gz
Done...

Step 2: Decompressing: spin-v2.6.0-macos-aarch64.tar.gz
# 中略
You're good to go. Check here for the next steps: https://developer.fermyon.com/spin/quickstart
Run './spin' to get started
```

コマンドサーチパスに作成した.spinフォルダーを追加します。bashでは次の行を~/.bash_profileに追加します。

```
$ export PATH=$PATH:$HOME/.spin
```

7.3.2 Spin向けのプロジェクト作成

Spin向けのプロジェクトはインストールしたspinコマンドを使って作成します。次のようにspin newコマンドを実行し、質問に答えていくと、指定したフォルダー名にプロジェクトが作成されます。

```
# hello-world-with-spinという名前でプロジェクトを作成します
$ spin new hello-world-with-spin

# プロジェクトのテンプレートを選びます
# 前節で作成したhello-wasi-httpを利用するので、http-emptyを選びます
Pick a template to start your application with:
> http-c (HTTP request handler using C and the Zig toolchain)
  http-empty (HTTP application with no components)
  http-go (HTTP request handler using (Tiny)Go)
  http-grain (HTTP request handler using Grain)
  http-js (HTTP request handler using Javascript)
  http-php (HTTP request handler using PHP)
  http-py (HTTP request handler using Python)
  http-rust (HTTP request handler using Rust)
  http-swift (HTTP request handler using SwiftWasm)
  http-ts (HTTP request handler using Typescript)
  http-zig (HTTP request handler using Zig)
  redirect (Redirects a HTTP route)
  redis-go (Redis message handler using (Tiny)Go)
  redis-rust (Redis message handler using Rust)
  static-fileserver (Serves static files from an asset directory)
```

```
Pick a template to start your application with: http-empty (HTTP application with no components)

# プロジェクトの説明を入力します
# 何も入力しなくても、プロジェクトを作成できます
Description: []
```

作成されたプロジェクトは、次のような構成をしています。作成されたフォルダーの中にspin.tomlが作成されています。

```
hello-world-with-spin
└──── spin.toml
```

spin.tomlはspinのプロジェクトマニフェストで、アプリの利用するWasmコンポーネントやルーティングの設定を記述します。プロジェクトを作成した直後は、次のようにアプリの名前や作者の情報だけが記述されています。

```
spin_manifest_version = 2

[application]
name = "hello-world-with-spin"
version = "0.1.0"
authors = ["Author Name"]
description = ""
```

7.3.3 hello_wasi_http.wasmの組み込み

前節で作成したhello_wasi_http.wasmを、アプリに組み込みます。組み込むためには、次の2つの設定をspin.tomlに追加します。

- 組み込むコンポーネントのパス
- コンポーネントを呼び出すパス

まず組み込むコンポーネントのパスを設定します。**リスト7.4**のようにcomponent.<コンポーネント名>という名前のセクションをspin.tomlに作成し、source属性に組み込むWasmコンポーネントのファイルシステム上のパスを指定します。

リスト 7.4　spin.tomlでWasmコンポーネントのパスを指定

```
# アプリの設定がありますが、省略します

[component.hello-world]
# hello_wasi_http.wasmへのパスを指定します
# 下記の例は絶対パスを指定していますが、相対パスでも指定できます
source = "/somewhere/hello-wasi-http/target/wasm32-wasip1/debug/hello_wasi_http.wasm"
```

上記は、指定されたWasmコンポーネントにSpinアプリ上の名前を設定しています。作成するセクションの名前とWasmコンポーネントの名前とが同一である必要はありません。

次にコンポーネントを呼び出すパスを設定します。これにより、設定されたパターンにマッチするパスへアクセスがあった場合、対応するコンポーネントを呼び出せるようになります。コンポーネントを呼び出すパターンのことを、Spinではトリガーと呼んでいます。

`trigger.http`という配列に、`route`と`component`の2属性を持った要素を追加することで、トリガーを設定できます（**リスト 7.5**）。

リスト 7.5　spin.tomlでトリガーを設定

```
# アプリの設定や、コンポーネントの設定がありますが、省略します

# トリガーを追加します
[[trigger.http]]
# 起動するコンポーネントを指定します
# 先ほど登録したSpinアプリ上の名前を指定します
component = "hello-world"
# 上記のコンポーネントを起動するパスを指定します
# ...はワイルドカードを表し、/hello-world/から始まるすべてのパターンにマッチします
route = "/hello-world/..."
```

7.3.4　アプリの起動

アプリの起動には`spin up`コマンドを使用します。

```
$ spin up

Logging component stdio to ".spin/logs/"

Serving http://127.0.0.1:3000
Available Routes:
  hello-world: http://127.0.0.1:3000/hello-world (wildcard)
```

Webブラウザーで、`http://127.0.0.1:3000/hello-world`にアクセスすると、**図7.1**のような画面が表示されます。

この節ではSpinを使ってアプリを作成しました。作成したアプリには、前節で作成した`hello_wasi_http.wasm`が組み込まれています。

ここまではブラウザーに文字列を出力するだけで、入力を受け取ることができていません。次の節では、入力された文字列に応じて出力が変わるコンポーネントをアプリに組み込みます。

7.4 echo APIの作成

先ほど作成した`hello-world-with-spin`プロジェクトにコンポーネントを追加して、与えられた文字列をやまびこのように返すAPIを作成します。APIの名前はechoとし、次の手順で作成します。

1. コンポーネントを追加します
2. Rustでコンポーネントを実装します
3. アプリをビルドし、起動します

7.4.1 コンポーネントの追加

前節のようにコンポーネントを作成しても良いのですが、ここではSpinが提供するより高水準なAPIを利用します。

Spinの提供するAPIを利用したコンポーネントを開発するためのプロジェクトは、`spin add`コマンドで作成します。

```
# hello-world-with-spinフォルダーで作業します
$ pwd
/somewhere/hello-world-with-spin

# フォルダー内にはspin.tomlだけが存在します
$ ls
spin.toml

# spin addコマンドを実行します。引数にはコンポーネントの名前を指定します
# ここではechoという名前のコンポーネントをアプリに追加します
$ spin add echo

# コンポーネントのテンプレートを選びます
# Rustでコンポーネントを実装するhttp-rustを選びます
Pick a template to start your application with:
> http-c (HTTP request handler using C and the Zig toolchain)
  http-empty (HTTP application with no components)
  http-go (HTTP request handler using (Tiny)Go)
  http-grain (HTTP request handler using Grain)
  http-js (HTTP request handler using Javascript)
  http-php (HTTP request handler using PHP)
  http-py (HTTP request handler using Python)
  http-rust (HTTP request handler using Rust)
  http-swift (HTTP request handler using SwiftWasm)
  http-ts (HTTP request handler using Typescript)
  http-zig (HTTP request handler using Zig)
  redirect (Redirects a HTTP route)
  redis-go (Redis message handler using (Tiny)Go)
  redis-rust (Redis message handler using Rust)
  static-fileserver (Serves static files from an asset directory)

Pick a template to start your application with: http-rust (HTTP application with no components)

# プロジェクトの説明を入力します
# 何も入力しなくても、プロジェクトを作成できます
Description: []

# コンポーネントを起動するパターンを設定します
# 以下は、/echo/...にアクセスするとコンポーネントが起動するように設定しています
HTTP path: /echo/...

# echoフォルダーが追加されました
$ ls
echo  spin.toml
```

追加されたフォルダーは、次のようにライブラリークレートを作成するためのプロジェクトと同じ構成をしています。

```
echo
├─── Cargo.lock
├─── Cargo.toml
└─── src
     └─── lib.rs
```

7

7.4.2 spin.tomlの編集

執筆時点で、Spinはwasm32-wasiをターゲットにコンポーネントをビルドします。本書の他の部分と同じくwasm32-wasip1をターゲットにビルドするよう、spin.tomlを編集します。

```
# spinアプリや、他のコンポーネントの設定がありますが、省略します

[component.echo]
# source属性に指定されているWasmファイルのパスを変更します
# 変更内容：wasm32-wasi → wasm32-wasip1
source = "echo/target/wasm32-wasip1/release/echo.wasm"
allowed_outbound_hosts = []

[component.echo.build]
# spin buildコマンドの実行時に、command属性に指定されているコマンドが実行されます
# wasm32-wasip1をターゲットにビルドするよう、変更します
# 変更内容：wasm32-wasi → wasm32-wasip1
command = "cargo build --target wasm32-wasip1 --release"
workdir = "echo"
watch = ["src/**/*.rs", "Cargo.toml"]
```

> wasm32-wasiは長く利用されてきたビルドターゲットですが、wasi32-wasip1への名称変更が行われました。2025年の1月にビルドターゲットから削除される予定です。

7.4.3 echo APIの実装

作成されたsrc/lib.rsを編集して、echo APIを実装します。echo APIは、次のように振る舞うものとします。

- POSTメソッドで送信されたJSON形式の文字列を受け取り、結果をJSON形式の文字列として返します

- 送受信されるJSONデータの書式は**リスト7.6**、**リスト7.7**のとおりです
- 受信したJSONデータの"message"属性の値を、送信するJSONデータの"message"属性に設定します

リスト7.6 受信するJSONデータの書式

```
{
  "message": "テキスト"
}
```

リスト7.7 レスポンスとして送信するJSONデータの書式

```
{
  "echo": "テキスト"
}
```

JSON形式のデータを利用するために、次の2つのクレートを利用します。

- serde
- serde-json

serdeはRustの構造体を文字列やバイト列に変換するためのクレートです。serde-jsonはserdeをベースに構造体とJSON形式のデータとの相互変換機能を提供します。前項で作成したechoフォルダーの中でcargo addコマンドを実行し、上記2つのクレートを依存関係に追加します。

```
# Spinアプリhello-world-with-spinのフォルダーに作成されたechoフォルダーで作業します
$ pwd
/somewhere/hello-world-with-spin/echo

# deriveフィーチャーを有効にしたserdeを依存関係に追加します
$ cargo add serde --features derive

# serde-jsonを依存関係に追加します
$ cargo add serde-json
```

まず入力を受け取るための構造体と、出力をするためのデータ構造をsrc/lib.rsに定義します。serde::Desrializeトレイトを実装することで、JSON形式のデータからインスタンスを作成できるようになります。反対にインスタンスをJSON形式のデータに変換できるように

するには、serde::Serializeトレイトを実装します（**リスト 7.8**）。

リスト 7.8 serde::Desrialize/serde::Serializeトレイト

```
use serde::{Deserialize, Serialize};

// 入力を受け取るための構造体です
#[derive(Deserialize)]
struct Input {
    message: String,
}

// 出力用のデータを表現する構造体です
#[derive(Serialize)]
struct Output {
    echo: String,
}
```

Input型のデータをOutput型のデータに変換するロジックを実装します。実装はFromトレイトを実装する形で行います（**リスト 7.9**）。

リスト 7.9 Fromトレイトの実装

```
// Input型、Output型の定義がありますが、省略します

impl Output {
    // 文字列からOutput型の値を返す関数を定義します
    fn new(echo: String) -> Output {
        Output {
            echo
        }
    }
}

// Input型からOutput型へのデータ変換を定義します
impl From<Input> for Output {
    fn from(value: Input) -> Self {
        Output::new(value.message)
    }
}
```

src/lib.rsに定義されているhandle_echo()関数に、Web APIの本体を実装します。この関数を実装することで、ビルドされるWasmコンポーネントはwasi:http/proxyワールドを実装できます。なお、incoming-requestなどのwasi:http/proxyで定義されているリソースはSpinが提供するラッパーを通して操作します。echo APIの実装例は**リスト 7.10**のようになります。

リスト 7.10 echo APIの実装例

```
use serde::{Deserialize, Serialize};
use spin_sdk::http::{IntoResponse, Request, Response};
use spin_sdk::http_component;

// Input型やOutput型の定義がありますが、省略します

#[http_component]
fn handle_echo(req: Request) -> anyhow::Result<impl IntoResponse> {
    println!("Handling request to {:?}", req.header("spin-full-url"));

    let input: Input = serde_json::from_slice(req.body())?;
    let output: Output = input.into();
    let output = serde_json::to_string(&output)?;

    let response = Response::builder()
        .status(200)
        .header("content-type", "application/json")
        .body(output)
        .build();
    Ok(response)
}
```

前節で見たとおり、 `wasi:http/proxy`ワールドは`wasi:http/incoming-handler`インターフェースをエクスポートします。そして、このインターフェースを実装するには`handle`関数の実装が必要です。`spin_sdk::http_component`マクロは、その直後の関数を`handle`関数の実装となるように処理します。なお関数のシグネチャーは以下のいずれかでなければなりません。

- `(spin_sdk::http::Request) -> anyhow::Result<impl IntoResponse>`
- `(spin_sdk::http::IncomingRequest, anyhow::http::ResponseOutparam) -> ()`

受信したHTTPリクエストは`Request`オブジェクトとして表現されて、関数のパラメーターとして与えられます。クライアントが送信したJSONデータは、`Request`オブジェクトの`body()`メソッドを呼ぶことで取得できます。取得されたJSONデータを`serde_json::from_slice()`関数で処理することで、`Input`型の値が取得できます。

`Output`型の値をJSONデータに変更するには、`serde_json::to_string()`関数を利用します。

`Response::builder()`関数で作成されたオブジェクトのメソッドを呼ぶことで、HTTPレスポンスを定めていきます。上記の例では、**表 7.3**のメソッドを利用しています。

表7.3 HTTPレスポンスを設定するメソッド

メソッド	設定する項目
status()	ステータスコード
header()	レスポンスヘッダー
body()	レスポンスボディ

項目を設定したあと、build()メソッドを呼ぶことでHTTPレスポンスを表すResponseオブジェクトを作成できます。作成されたResponseオブジェクトを引数にOk()関数を呼ぶことで、設定したHTTPレスポンスをクライアントに送信します。

7.4.4 アプリのビルドと起動

まず、アプリをビルドします。ビルドにはspin buildコマンドを利用します。

```
# Spinアプリhello-world-with-spinフォルダーで作業します
$ pwd
/somewhere/hello-world-with-spin

# アプリをビルドします
$ spin build
Building component echo with `cargo build --target wasm32-wasip1 --release`
Working directory: "./echo"
# echoが依存するクレートのビルドが行われます
    Finished `release` profile [optimized] target(s) in 0.20s
```

ビルドしたあと、spin upコマンドを実行してアプリを起動します。

```
$ spin up
Logging component stdio to ".spin/logs/"

Serving http://127.0.0.1:3000
Available Routes:
  hello-world: http://127.0.0.1:3000/hello
  echo: http://127.0.0.1:3000/echo (wildcard)
```

7.4.5 curlコマンドを使った動作確認

curlコマンドを使って、APIの動作確認を行います。

```
# Hello, worldをAPIに送信します
$ curl -X POST -H "Content-Type: application/json" -d "{\"message\": \"Hello, world\"}" http://localhost
:3000/echo

# 処理の結果、APIが次のようなレスポンスを返します
{"echo":"Hello, world"}
```

`-d`オプションで送信するJSONデータを設定します。上記の例では、`message`属性に`Hello, world`を設定したJSONデータを送信しています。そのほか設定したオプションと、その意味は**表7.4**の表のとおりです。

表7.4 APIの呼び出しに指定したオプション

オプション	指定する値
-X	HTTPメソッド
-H	HTTPヘッダー
-d	POSTメソッドで送信するデータ

この節ではSpinアプリのコンポーネントをRustを使って実装しました。

- Spinは`wasi:http/proxy`を実装するためのラッパーを提供します
- `http_component`マクロによって処理された関数が`wasi:http/incoming_handler`で定義されている`handle()`関数を実装します
- `spin build`コマンドがRustプロジェクトをビルドし、Wasmコンポーネントを出力します

`spin build`コマンドを実行すると、`wasi:http/proxy`ワールドを実装したWasmコンポーネントが出力されます。この節で作成したecho APIの場合、`echo/target/wasm32-wasip1/release/echo.wasm`に出力されたWasmコンポーネントが保存されています。

作成されたWasmコンポーネントは`wasi:http/proxy`ワールドを実装します。ここに定義されているインターフェースに加えて、Spin固有のインターフェースに依存します。

```
$ wasm-tools component wit echo/target/wasm32-wasip1/release/echo.wasm
package root:root;

world root {
  import wasi:io/poll@0.2.0;
  import wasi:clocks/monotonic-clock@0.2.0;
  import wasi:io/error@0.2.0;
  import wasi:io/streams@0.2.0;
  import wasi:http/types@0.2.0;
  import wasi:http/outgoing-handler@0.2.0;
  import fermyon:spin/llm@2.0.0;
  import fermyon:spin/redis@2.0.0;
  import fermyon:spin/mqtt@2.0.0;
  import fermyon:spin/rdbms-types@2.0.0;
  import fermyon:spin/postgres@2.0.0;
  import fermyon:spin/mysql@2.0.0;
  import fermyon:spin/sqlite@2.0.0;
  import fermyon:spin/key-value@2.0.0;
  import fermyon:spin/variables@2.0.0;
  import wasi:cli/environment@0.2.0;
  import wasi:cli/exit@0.2.0;
  import wasi:cli/stdin@0.2.0;
  import wasi:cli/stdout@0.2.0;
  import wasi:cli/stderr@0.2.0;
  import wasi:cli/terminal-input@0.2.0;
  import wasi:cli/terminal-output@0.2.0;
  import wasi:cli/terminal-stdin@0.2.0;
  import wasi:cli/terminal-stdout@0.2.0;
  import wasi:cli/terminal-stderr@0.2.0;
  import wasi:clocks/wall-clock@0.2.0;
  import wasi:filesystem/types@0.2.0;
  import wasi:filesystem/preopens@0.2.0;
  import wasi:sockets/network@0.2.0;
  import wasi:sockets/instance-network@0.2.0;
  import wasi:sockets/udp@0.2.0;
  import wasi:sockets/udp-create-socket@0.2.0;
  import wasi:sockets/tcp@0.2.0;
  import wasi:sockets/tcp-create-socket@0.2.0;
  import wasi:sockets/ip-name-lookup@0.2.0;
  import wasi:random/random@0.2.0;
  import wasi:random/insecure@0.2.0;
  import wasi:random/insecure-seed@0.2.0;

  export wasi:http/incoming-handler@0.2.0;
}
```

上記の例にある`fermyon:spin`パッケージに含まれるインターフェースが、Spin固有のインターフェースです。Spinコンポーネントを実行するためにはWASIの実装に加えて、これらのインターフェースの実装も必要です。

この節でコンポーネントのビルドに利用した`spin build`コマンドは、内部で`cargo build`を実行しています。事実、cargo buildコマンドを使ってechoプロジェクトを、wasm32-wasip1をターゲットにビルドしても、Wasmコンポーネントが作成されます。このことは、http-component属性のようなwasi:http/proxyワールドを実装するために利用できるマクロや構造体を提供するspin-sdkクレートは、Spinというツールとは独立して利用できることを意味します。次の節では、spin-sdkクレートを使ってグリッチアートを作成するWeb APIを作成し、Spinのアプリとして動かします。

7.5 グリッチアートを作るAPIの作成

この節では、前章で実現したグリッチアート作成CLIアプリのWeb API版を作成します。つまり、POSTされたPNGファイルを処理してグリッチアートをPNGファイルとして作成し、作成されたPNGファイルをレスポンスとして返すようにwasi:http/proxyワールドを実装します（**図7.3**）。

図7.3　PNGファイルと作成されたグリッチアート

実装は以下の手順で行います。

1. cargo component newコマンドを用いてプロジェクトフォルダーを作成します
2. wasi:http/proxyワールドを実装します

3. your-namespace:first-glitch-artパッケージと合成します
4. Spinアプリの一部として実行します

7.5.1 プロジェクトフォルダーの作成

次のようにcargo compnent newコマンドを実行して、プロジェクトフォルダーを作成します。なお、この節では前節で作成したhello-world-with-spinフォルダーの存在するフォルダーに、プロジェクトフォルダーを作成しています。

```
# hello-with-spinフォルダーの存在するフォルダーで作業します
$ ls
hello-wasi-http  hello-world-with-spin

# ターゲットを指定してプロジェクトフォルダーを作成します
$ cargo component new --lib --namespace your-namespace --target your-namespace:glitch-art/png-glitch-cli
glitch-art-api
```

プロジェクトフォルダーを作成する際に、前章で作成したyour-namespace:glitch-art/png-glitch-cliワールドをターゲットとして指定するのがポイントです。これにより前章で実装したyour-namespace:glitch-art/png-glitchableインターフェースを実装したWasmコンポーネントを利用してAPIを作成できるようになります。

> your-namespaceは、wa.devに登録したご自身のネームスペースに置き換えて、読み進めてください。

以下のクレートを依存関係に追加します。

- anyhow
- png-glitch
- spin-sdk

依存関係の追加には、cargo addコマンドを利用します。

```
# 作成したプロジェクトフォルダーに移動します
$ cd glitch-art-api

# クレートを依存関係に追加します
# それぞれのコマンドが出力するメッセージは省略します
$ cargo add anyhow
$ cargo add png-glitch
$ cargo add spin-sdk
```

7.5.2 Web APIの実装

src/lib.rsにWeb APIを実装します。エディターでsrc/lib.rsを開き、**リスト7.11**のように変更します。

リスト7.11 src/lib.rsにWeb APIを実装

```
use std::io::{Read, Write};
use spin_sdk::http_component;
#[allow(warnings)]
// bindingsモジュールは、cargo componentコマンドによって生成されます
mod bindings;

// wasi:http/incoming-handlerを実装します
#[http_component]
fn handle_request(req: Request) -> anyhow::Result<impl IntoResponse> {
    // 作成されたグリッチアートを最終的に保持するバイト列です
    let mut output = vec![];

    // outputに保持されているバイト列をPNGとして送信します
    let response = Response::builder()
        .status(200)
        .header("content-type", "image/png")
        .body(output)
        .build();
    Ok(response)
}
```

APIの実装は、第6章で実装したCLIアプリと同様です。CLIアプリは作成したグリッチアートをファイルに出力していましたが、この節で実装するAPIはHTTPのレスポンスとして出力します。

まず6.7.3節で実装したように、png_glitchクレートの提供するFilterType型と、your-namespace:glitch-art/png-glitchableで定義されているfilter-type型とのデータ変換を実装します（**リスト7.12**）。

リスト 7.12 FilterType型とfilter-type型のデータ変換

```
use std::io::{Read, Write};
// png_glitch::FilterTypeをFilterTypeに束縛します
use png_glitch::FilterType;
use spin_sdk::{
    http::{IntoResponse, Request, Response},
    http_component,
};

#[allow(warnings)]
mod bindings;

// WITから生成されたFilterType型をWasmFilterTypeに束縛します
use bindings::your_namespace::glitch_art::png_glitchable::FilterType as WasmFilterType;

// WasmFilterTypeからFilterTypeへ変換するための関数を実装します
impl From<WasmFilterType> for FilterType {
    fn from(value: WasmFilterType) -> Self {
        match value {
            WasmFilterType::None => FilterType::None,
            WasmFilterType::Up => FilterType::Up,
            WasmFilterType::Sub => FilterType::Sub,
            WasmFilterType::Average => FilterType::Average,
            WasmFilterType::Paeth => FilterType::Paeth,
        }
    }
}

// FilterTypeからWasmFilterTypeへ変換するための関数を実装します
impl From<FilterType> for WasmFilterType {
    fn from(value: FilterType) -> Self {
        match value {
            FilterType::None => WasmFilterType::None,
            FilterType::Up => WasmFilterType::Up,
            FilterType::Sub => WasmFilterType::Sub,
            FilterType::Average => WasmFilterType::Average,
            FilterType::Paeth => WasmFilterType::Paeth
        }
    }
}

// handle_request()関数の定義は省略します
```

次に、POSTメソッドで送信されたPNGファイルからpng_glitch::PngGlitchオブジェクトを作成します。**リスト 7.13**のようにhandle_request()関数を変更します。

リスト 7.13　png_glitch::PngGlitchオブジェクトを作成

```
use std::io::{Read, Write};
// png_glitch::PngGlitchをPngGlitchに束縛します
use png_glitch::{FilterType, PngGlitch};
use spin_sdk::{
    http::{IntoResponse, Request, Response},
    http_component,
};

// 前のステップで追加したコードがありますが、省略します

#[http_component]
fn handle_request(req: Request) -> anyhow::Result<impl IntoResponse> {
    // 送信されたPNGファイルをバイト列として受け取ります
    let mut buffer = vec![];

    // 送信されたPNGファイルはリクエストのボディに保存されているとします
    // bufferに送信されたPNGファイルを読み込みます
    req.body().read_to_end(&mut buffer)?;

    // PngGlitchオブジェクトを作成します
    let mut png_glitch = PngGlitch::new(buffer)?;

    let mut buffer = vec![];
    let response = Response::builder()
        .status(200)
        .header("content-type", "image/png")
        .body(buffer)
        .build();
    Ok(response)
}
```

次に合成するWasmコンポーネントに定義されている`glitch()`関数を利用して、PNGファイルのスキャンラインを操作します（**リスト 7.14**）。

リスト 7.14　PNGファイルのスキャンラインを操作

```
// use宣言がありますが、省略します
mod bindings;

use bindings::your_namespace::glitch_art::png_glitchable::FilterType as WasmFilterType;
// WITから生成されたScanLine型をWasmScanLineに束縛します
use bindings::your_namespace::glitch_art::png_glitchable::ScanLine as WasmScanLine;
// 合成するWasmコンポーネントが提供するglitch()関数をglitchに束縛します
use bindings::your_namespace::glitch_art::png_glitchable::glitch;

// WasmFilterTypeとFilterTypeのデータ変換の定義は省略します

#[http_component]
fn handle_request(req: Request) -> anyhow::Result<impl IntoResponse> {
```

```
    let mut buffer = vec![];
    req.body().read_to_end(&mut buffer)?;
    let mut png_glitch = PngGlitch::new(buffer)?;
    png_glitch.foreach_scanline(|scanline| {
        // scanlineオブジェクトをコピーして、WasmScanLineオブジェクトを作成します

        let mut pixel_data = vec![];
        // scanlineオブジェクトのピクセルデータをコピーします
        if let Ok(_) = scanline.read_to_end(&mut pixel_data) {
            // scanlineオブジェクトのfilter_type属性の値をコピーし、WasmFilterType型の値に変換します
            let filter_type = scanline.filter_type().into();
            // コピーされたデータからWasmScanLineオブジェクトを作成します
            let wasm_scan_line = WasmScanLine{filter_type, pixel_data};

            // 作成したWasmScanLineオブジェクトを引数にglitch()関数を呼びます
            let returned_scan_line = glitch(&wasm_scan_line);

            // glitch()関数で操作されたWasmScanLineオブジェクトを使って、scanlineオブジェクトを変更します

            // WasmFilterTypeオブジェクトをFilterTypeオブジェクトに変換し、
            // 変換されたオブジェクトを使ってscanlineオブジェクトの属性のフィルタータイプを変更します
            scanline.set_filter_type(returned_scan_line.filter_type.into());
            // WasmScanLineのピクセルデータでscanlineオブジェクトのピクセルデータを更新します
            let _ = scanline.write(&returned_scan_line.pixel_data);
        }
    });

    let mut buffer = vec![];
    // 生成されたグリッチアートをPNG形式のバイト列に変換し、bufferに書き込みます
    png_glitch.encode(&mut buffer)?;

    let response = Response::builder()
        .status(200)
        .header("content-type", "image/png")
        .body(buffer)
        .build();
    Ok(response)
}
```

以上でAPIの実装は終了です。最後に`cargo component build`コマンドでビルドします。

```
# glitch-art-apiのプロジェクトフォルダーで作業します
$ pwd
/somewhere/glitch-art-api

# -rオプションを付けて、リリースビルドを作成します
$ cargo component build -r
  Compiling glitch-api v0.1.0 (/somewhere/glitch-api)
    Finished `release` profile [optimized] target(s) in 2.29s
    Creating component target/wasm32-wasip1/release/glitch_api.wasm
```

7.5.3 コンポーネントの合成

前章で作成したyour-namespace:first-glitch-artパッケージと、ビルドされたtarget/wasm32-wasip1/release/glitch_api.wasmとを合成します。合成にはwac plugコマンドを利用します。

```
# glitch-art-apiのプロジェクトフォルダーで作業します
$ pwd
/somewhere/glitch-art-api

# コンポーネントを合成し、first-glitch-art-api.wasmを作成します
$ wac plug --plug your-namespace:first-glitch-art target/wasm32-wasip1/release/glitch_api.wasm -o first-glitch-art-api.wasm
```

上記のコマンドを実行するためには、your-namespace:first-glitch-artパッケージがレジストリーに登録されている必要があります。詳しくは6.3節を参照してください。

first-glitch-art-api.wasmはwasi:http/incoming-handler@0.2.0をエクスポートしています。またWASIに定義されているインターフェースにのみ依存しており、Spinアプリに組み込めます。

```
$ wasm-tools component wit first-glitch-art-api.wasm
package root:component;

world root {
  import wasi:io/poll@0.2.0;
  import wasi:io/error@0.2.0;
  import wasi:io/streams@0.2.0;
  import wasi:http/types@0.2.0;
  import wasi:cli/environment@0.2.0;
  import wasi:cli/exit@0.2.0;
  import wasi:cli/stdin@0.2.0;
  import wasi:cli/stdout@0.2.0;
  import wasi:cli/stderr@0.2.0;
  import wasi:clocks/wall-clock@0.2.0;
  import wasi:filesystem/types@0.2.0;
  import wasi:filesystem/preopens@0.2.0;
  import wasi:random/random@0.2.0;

  export wasi:http/incoming-handler@0.2.0;
}
```

7.5.4 Spinアプリへの組み込み

前項で作成したfirst-glitch-art-api.wasmをhello-world-with-spinに組み込みます。

なおfirst-glitch-art-api.wasmが保存されているglitch-art-apiフォルダーと、hello-world-with-spinフォルダーは同じフォルダーに存在しているという前提で説明します。パスは、ご自身の環境に合わせて修正ください。

```
$ ls
glitch-art-api  hello-wasi-http  hello-world-with-spin
```

7.3.3節と同様にトリガーを設定することで、first-glitch-art-api.wasmをSpinアプリへ組み込めます。hello-world-with-spin/spin.tomlを**リスト 7.15**のように変更します。

リスト 7.15　spin.tomlでトリガーを設定

```
spin_manifest_version = 2

[application]
name = "hello-world-with-spin"
version = "0.1.0"
authors = ["Author Name"]
description = ""

[[trigger.http]]
route = "/hello"
component = "hello-world"

[component.hello-world]
source = "../hello-wasi-http/target/wasm32-wasip1/release/hello_wasi_http.wasm"

[[trigger.http]]
route = "/echo/..."
component = "echo"

[component.echo]
source = "echo/target/wasm32-wasip1/release/echo.wasm"
allowed_outbound_hosts = []
[component.echo.build]
command = "cargo build --target wasm32-wasip1 --release"
workdir = "echo"
watch = ["src/**/*.rs", "Cargo.toml"]

# 以下の内容を追記します
[[trigger.http]]
route = "/glitch"
component = "glitch"
```

```
[component.glitch]
source = "../glitch-art-api/first-glitch-art-api.wasm"
```

動作を確認するために、Spinアプリを起動します。起動はhello-world-with-spinフォルダー内で行います。

```
$ cd hello-world-with-spin

# spin upコマンドを実行して、Spinアプリを起動します
$ spin up
Logging component stdio to ".spin/logs/"

Serving http://127.0.0.1:3000
Available Routes:
  hello-world: http://127.0.0.1:3000/hello
  glitch: http://127.0.0.1:3000/glitch
  echo: http://127.0.0.1:3000/echo (wildcard)
```

起動後、curlコマンドを使ってPNGファイルを送信し、グリッチアートが作成されることを確認します。以下のコマンドは、APIにoriginal.pngをPOSTメソッドで送信し、レスポンスとして返されたグリッチアートをglitch-art.pngに保存します。

```
$ curl -X POST -H "Content-Type: image/png" --data-binary @original.png  --output glitch-art.png http://
localhost:3000/glitch
```

この節のまとめです。

- cargo-componentとspin-sdkクレートを組み合わせて利用しました
- WITパッケージをプロジェクトのターゲットに設定することで、your-namespace:glitch-art/png-glitchableに依存するWasmコンポーネントをビルドしました
- 作成されたWasmコンポーネントと、your-namespace:glitch-art/png-glitchableの実装とを合成することで、wasi:http/proxyワールドを実装したWasmコンポーネントを作成しました
- 合成結果をSpinアプリに組み込んで動作させました

7.6 まとめ

この章では、Wasmのサーバーサイドでの利用について説明しました。具体的には`wasi:http/proxy`ワールドを実装することで、HTTPリクエストを処理し、結果をHTTPレスポンスとして返すようなWasmコンポーネントを作成できました。`cargo-component`を利用してWITから生成されたコードを利用する方法と、`spin-sdk`クレートを利用する方法の2通りでワールドを実装しました。

また既存のWasmパッケージを再利用しWeb APIを作成しました（7.5節）。同様の手法を用いて、CLIアプリ向けに作成したビジネスロジックやコアコンポーネントをWeb APIに再利用できます。`your-namespace:first-glitch-art`のソースコードはRustで記述されていましたが、他のプログラミング言語でもWasmコンポーネントを作成できます。たとえばC言語で書かれたビジネスロジックをWasmコンポーネントにすることで、ビジネスロジックそのものを変更することなくWeb APIとして展開できるようになります。

次の章ではWasmコンポーネントを実行するコンテナーイメージを作成します。Open Container Initiative（OCI）の基準に準拠したコンテナーイメージを作成することで、DockerやKubernetesでの実行を可能にします。これにより各種クラウド事業者の提供する環境で、作成したWasmコンポーネントを実行できます。

第8章

Wasmコンポーネントとコンテナーランタイム

Wasmコンポーネントをそのままデプロイできるクラウドサービスは限られています。一方で、Wasmコンポーネントはコンテナー上で実行できるようになっています。この章では代表的なコンテナープラットフォームであるDockerでWasmコンポーネントを実行します。これによりWasmコンポーネントの、クラウドサービス上での実行を可能にします。

8.1 Wasmコンポーネントを動かすコンテナーイメージ

前章では、サーバーサイドアプリをWasmコンポーネントとして実装しました。作成したサーバーサイドアプリを実際に利用するためには、アプリを実行する環境が必要です。自宅サーバーやレンタルサーバーなど、アプリの実行環境にはさまざまな選択肢があります。それらの中で、クラウドサービスの利用は有力な選択肢となるでしょう。

多くのクラウドサービスにはWasmコンポーネントをそのまま配置することはできません。前章で作成したサービスをクラウドサービスで実行するためには、何らかの工夫が必要です。そこでWasmコンポーネントを実行するコンテナーイメージを作成します。Open Container Initiative（OCI）の仕様に従ったコンテナーイメージであれば、主要なクラウドサービスに配置できます。

この章ではDocker Desktopを利用し、Wasmコンポーネントを実行するコンテナーイメージを作成します。作成したコンテナーイメージをDocker Desktop上で実行します。

この章の内容は、Dockerやコンテナーに関する知識をほとんど必要としません。Dockerやコンテナーそのものにご興味をお持ちの場合は、専門書を参照してください。

8.2 Docker Desktopのインストール

Dockerはコンテナーを開発、配置、実行するためのプラットフォームです。Docker DesktopはDockerをmacOS、Windows、そしてLinuxのデスクトップ環境で利用可能にするツールです。環境の構築に加えて、コンテナーを管理するためのGUIも提供します。

Docker Desktopにはインストーラーがあります。これを利用してインストールします。インストーラーはmacOS（Apple Silicon版およびIntelチップ版）、Windows、そしてLinux向けのものが用意されており、https://www.docker.com/ja-jp/products/docker-desktop/からダウンロードできます（**図8.1**）。

図8.1　Docker Desktopのダウンロードサイト

8.2.1 初期設定

インストールが終わったら、Docker Desktopを起動します。起動のためのショートカットは、使用されている環境によって異なります。macOSの場合は、アプリケーションフォルダーの中にあります。

起動後、初期設定が始まります。ライセンスへの同意など、いくつか応答が必要なものがあります。**図8.2**のような画面が表示されれば、初期設定は終了です。

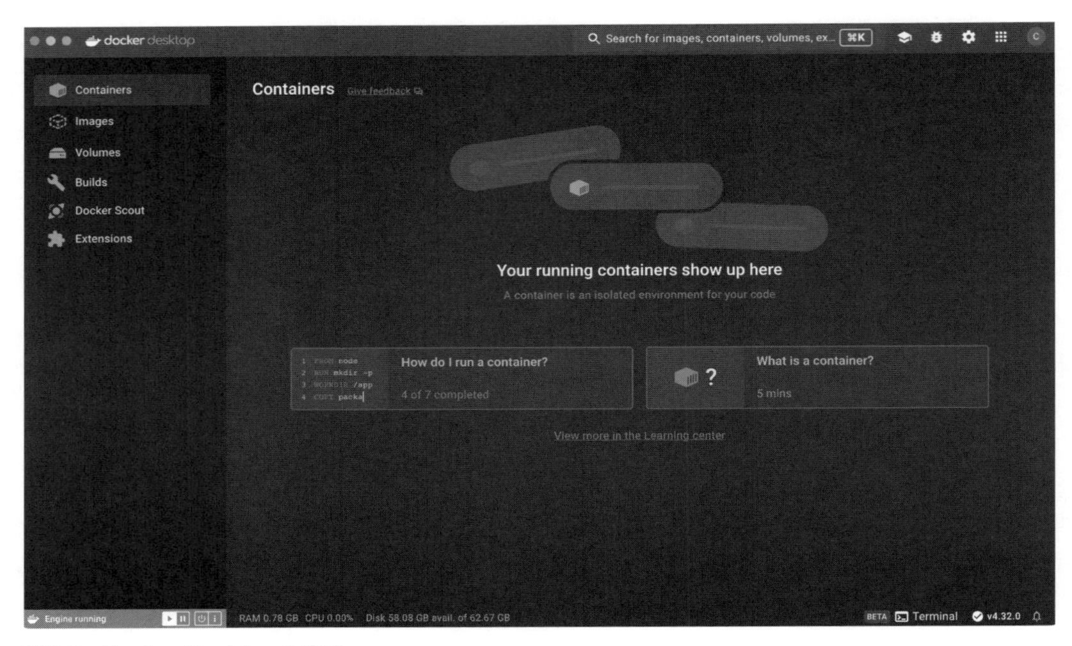

図8.2 Docker DesktopのGUI

8.2.2 起動確認

初期設定後、Docker Desktopの動作を確認するためにDockerが用意しているhello-worldイメージを実行します。

GUI左側のメニューから“Images”を選択します。**図8.3**のような画面が表示されます。

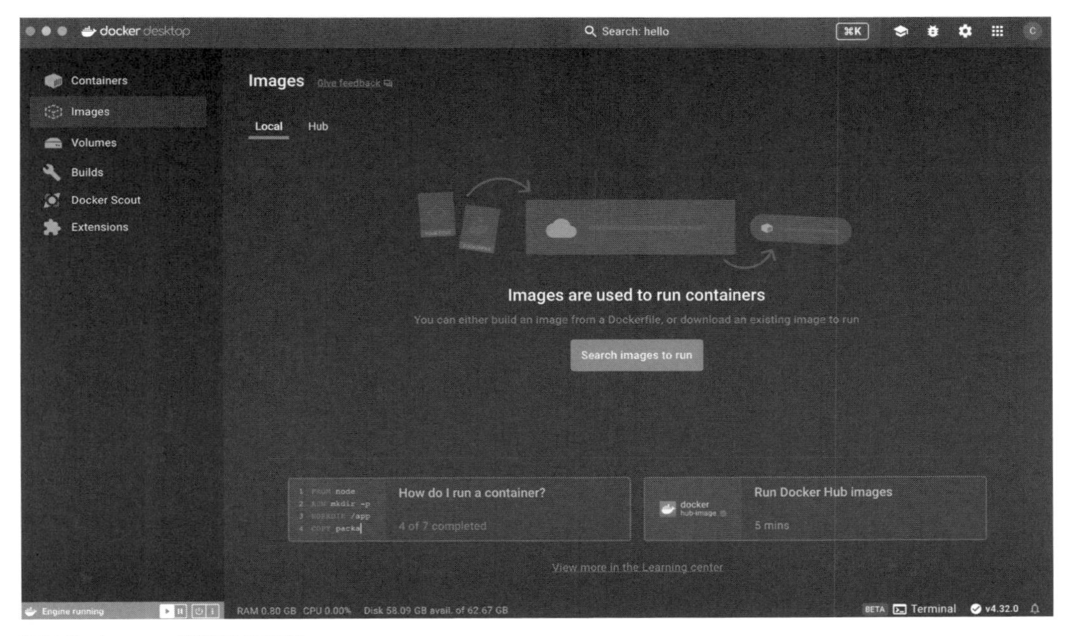

図8.3　Images選択後の画面

“Search images and run”と書かれたボタンをクリックすると、**図8.4**のように実行するイメージを探すための検索ウィンドウが表示されます。テキストフィールドに“hello-world”と入力すると、hello-worldイメージが候補に表示されます。

図8.4　検索されたhello-worldイメージ

候補に表示されたhello-worldイメージをクリックすると、ドロップダウンメニューやボタンが表示されます。“Run”ボタンをクリックします。**図8.5**のように表示されるモーダルウィンドウが表示されます。

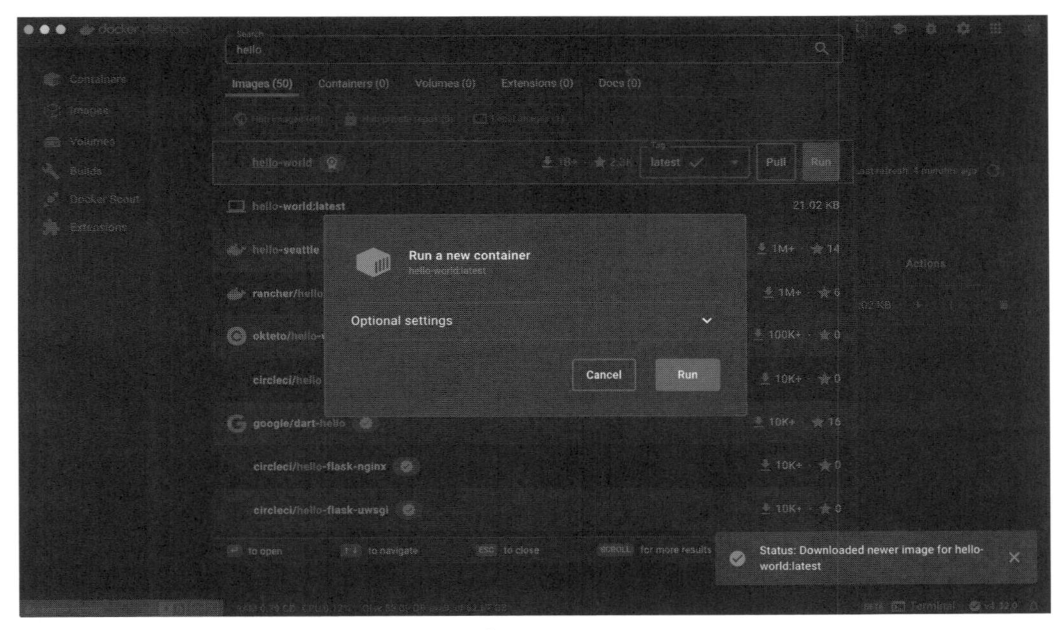

図8.5　イメージ実行オプションを指定するモーダルウィンドウ

“Run”ボタンを押すと、検索画面に戻ります。バックグラウンドではイメージのダウンロードと実行が行われています。検索ウィンドウの外側をクリックして、**図8.6**のようにイメージの実行結果が表示されれば、hello-worldイメージの実行は成功です。

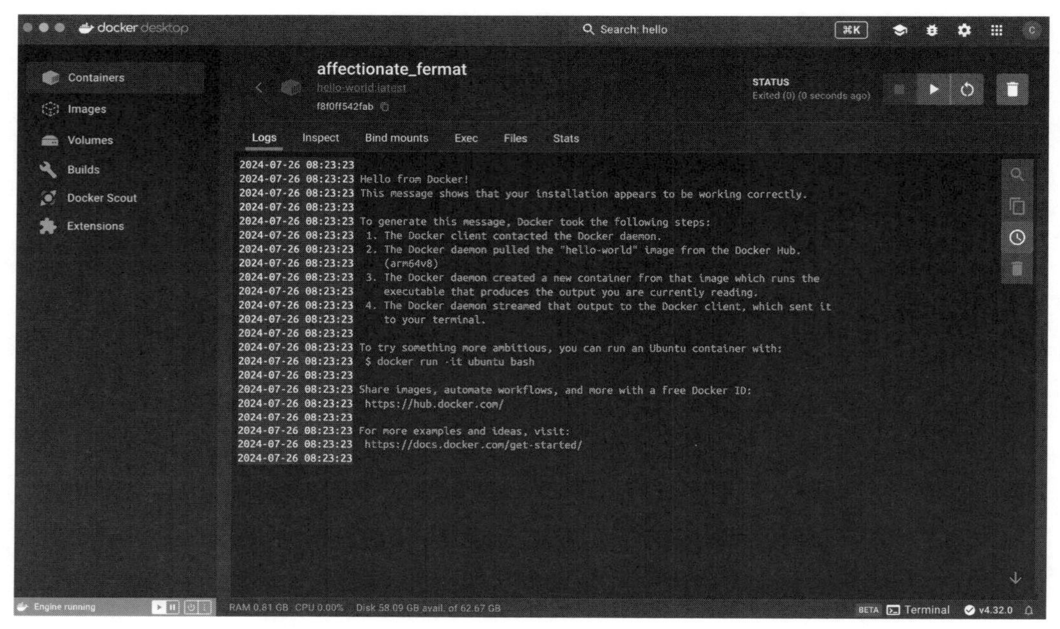

図8.6　hello-worldイメージの実行結果

8.2.3 Wasmコンポーネントの有効化

Dockerは**図8.7**のようなレイヤーアーキテクチャーを採用しています。

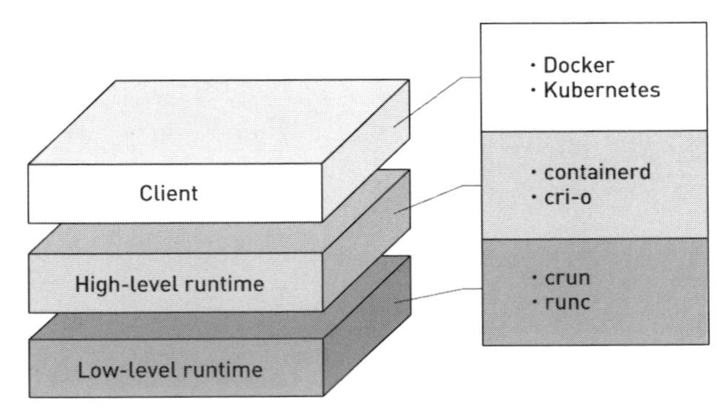

図8.7　Dockerのアーキテクチャー

上記の図を大別すると、次の3つのレイヤーに分けられます。

- クライアント（Docker DesktopのGUIや、CLIツール）
- 高レベルランタイム
- 低レベルランタイム

高レベルランタイムはクライアントからのリクエストを受け取り、必要に応じて低レベルランタイムを起動します。実際のコンテナーイメージの実行は、低レベルランタイムが行います。

Docker Desktop標準の低レベルランタイムは、Wasmコンポーネントの実行に対応していません。そしてDocker Desktop標準の高レベルランタイムは、Wasmコンポーネントを実行できる低レベルランタイムを持ちません。Wasmコンポーネントを実行するために、高レベルランタイムと低レベルランタイムを入れ替えます。

まずGUIの右上に置かれている歯車のアイコンをクリックして、設定画面を表示させます（**図8.8**）。

図8.8　設定画面を表示する歯車アイコン

設定画面左側のメニューから“General”を選びます。右側の詳細画面をスクロールし、“Use containerd for pulling and storing images”をチェックします（**図8.9**）。これでWasmコンポーネントを実行するための高レベルランタイムが有効になります。

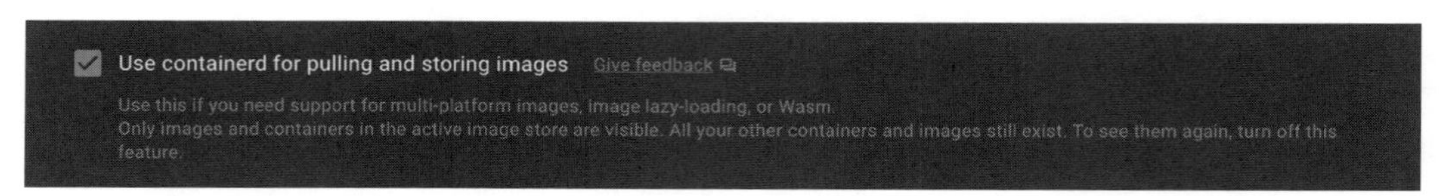

図8.9　containerdを有効にするためのチェックボックス

次に設定画面左側のメニューから“Features in Develpment”をクリックします。表示される詳細画面にある“Beta features”タブにある“Enable Wasm, requires the containerd image store”をチェックします（**図8.10**）。

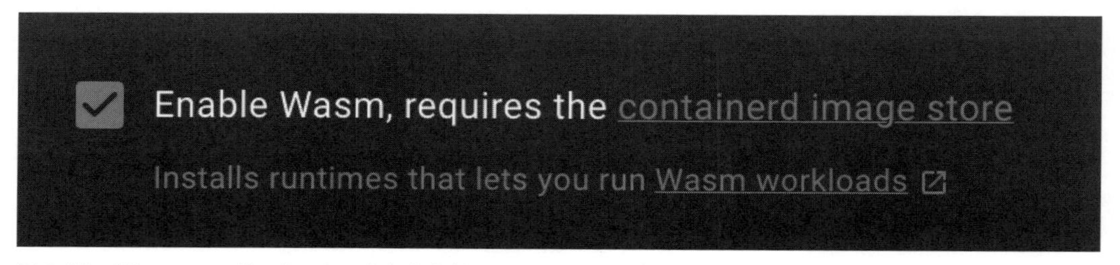

図8.10　Wasmコンポーネントの実行を有効にするチェックボックス

チェックしたら“Apply&restart”ボタンを押して、Docker Desktopを再起動します。これで設定は終了です。

8.3 Wasmコンポーネントを動かすコンテナーイメージの作成

Docker DesktopはDockerfileと呼ばれるイメージ作成の手順を定義したファイルからコンテナーイメージを作成します。この節では第3章で作成した`hello-wasi-cli.wasm`を起動するコンテナーイメージを作成し、実行します。

8.3.1 Dockerfileの作成

`hello-wasi-cli`プロジェクトフォルダーにDockerfileを作成します。本来Dockerfileは任意の場所に作成できますが、物事をシンプルにするために今回はRustのプロジェクトフォルダーの直下にDockerfileを作成します。作成は以下の手順で行います。

1. `hello-wasi-cli`のプロジェクトフォルダー直下に、`Dockerfile`という名前のファイルを作成します
2. 作成した`Dockerfile`に、**リスト8.1**の内容を記述します

リスト8.1 hello-wasi-cli.wasmのためのDockerfile

```
# 親イメージを持たない、ベースイメージを作成するよう設定します
FROM scratch

# 実行するWasmファイルを、作成するイメージにコピーします
# 下記の例では、リリースビルドされたものをコピーしています
COPY ./target/wasm32-wasip1/release/hello-wasi-cli.wasm /hello-wasi-cli.wasm

# イメージ実行時に、コピーしたWasmファイルを起動するよう設定します
ENTRYPOINT ["/hello-wasi-cli.wasm"]
```

作成するコンテナーイメージにはWasmコンポーネントが配置され、配置されたWasmコンポーネントを実行するように設定されます。

8.3.2 コンテナーイメージの作成

作成した`Dockerfile`を処理して、コンテナーイメージを作成します。作成には`docker`

buildx buildコマンドを利用します。このコマンドはDocker Desktopをインストールしたときに併せてインストールされます。

まずDocker Desktopに統合されたターミナルを起動します。ウィンドウ右下にある“Terminal”と書かれた部分をクリックするとターミナルが起動します（**図8.11**）。

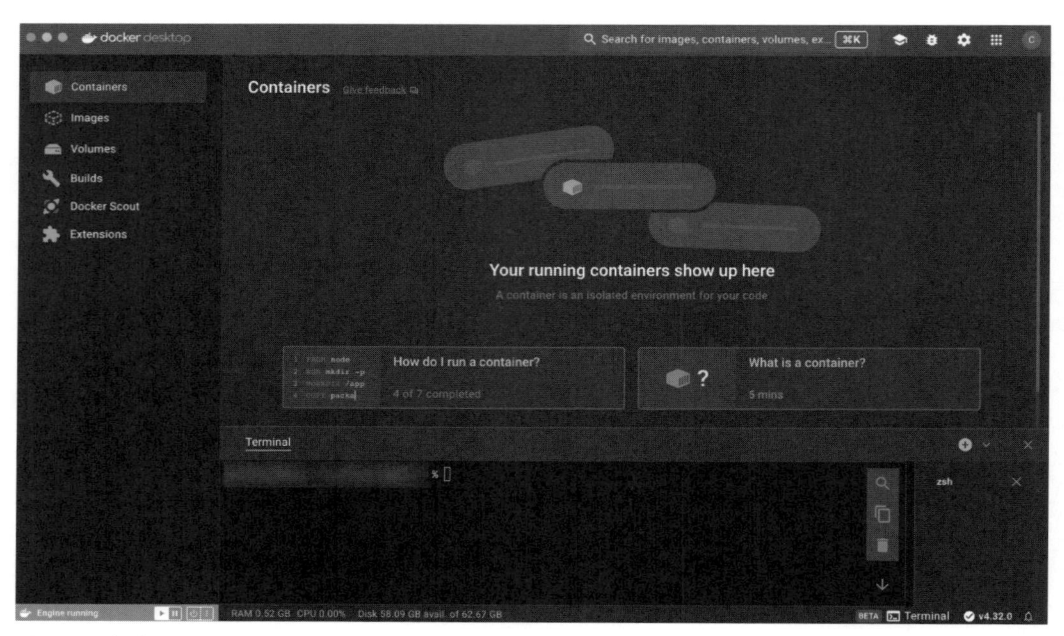

図8.11　起動されたターミナル

ターミナルで次のようにdocker buildx buildコマンドを実行します。

```
# hello-wasi-cliプロジェクトのフォルダーに移動します
$ cd /somewhere/hello-wasi-cli

# Dockerfileが存在することを確認します
$ ls Dockerfile
Dockerfile

# コンテナーイメージを作成します
# -tオプションでコンテナー名を指定しています
# 下記の例はhello-wasi-cliという名前でイメージを作成しています
$ docker buildx build --platform wasi/wasm -t  hello-wasi-cli .
```

ビルドが成功するとDocker DesktopのImagesに、作成したイメージが表示されます

（図8.12）。

図8.12　作成されたコンテナーイメージ

8.3.3　コンテナーイメージの実行

コンテナーイメージの実行には、docker runコマンドを利用します。Docker Desktopに統合されたターミナルで、次のように実行します。

```
# --runtimeオプションで、Wasmコンポーネントの実行にwasmtimeを利用するよう設定しています
# また、Wasmコンポーネントを実行することを--platformオプションで明示しています
$ docker run --rm --runtime=io.containerd.wasmtime.v1 --platform=wasi/wasm hello-wasi-cli

# hello-wasi-cli.wasmが実行され、下記のメッセージが表示されます
 _______________
< Hello, world! >
 ---------------
        \
         \
            _~^~^~_
        \) /  o o  \ (/
          '_   -   _'
          / '-----' \
```

◆　◆　◆

この節のまとめです。

- Wasmコンポーネントを実行するコンテナーイメージを作成しました
- 実行するWasmファイルは、DockerfileのENTRYPOINTに指定します
- 作成したコンテナーイメージの実行には、ランタイムとプラットフォームの明示が必要です

以上の方法で実行できるWasmコンポーネントは、wasi:cli/commandワールドを実装しているものに限られます。wasi:http/proxyワールドを実装しているWasmコンポーネントを実行するには、Spinアプリに組み込む必要があります。次の節では、第7章で作成したSpinアプリケーションをDocker Desktopで動作させます。

8.4 Spinアプリを動かすコンテナーイメージの作成

この節ではSpinアプリを動かすコンテナーイメージを作成します。これはwasi:http/proxyワールドを実装しているWasmコンポーネントを実行するためのワークアラウンドです。将来、低レベルランタイムがwasi:http/proxyワールドを実装したWasmコンポーネントを動かせるようになれば、この節の内容は不要となります。

Spinアプリを動かすコンテナーイメージの作成手順は、前節の内容とほぼ同一です。つまりDockerfileを作成し、docker buildx buildコマンドを利用してイメージを作成します。異なるのは、Dockerfileの内容と、イメージの実行時に指定するランタイムです。

8.4.1 Spinアプリの整理

コンテナーイメージを作成しやすいように、第7章で作成したSpinアプリhello-world-with-spinから必要なファイルを集めてフォルダーに整理します。具体的には、次の3ステップで必要なファイルを集めます。

1. 整理するためのフォルダーを作成します
2. spin.tomlが参照しているWasmファイルを、作成したフォルダーにコピーします
3. spin.tomlを1で作成したフォルダーにコピーし、コピーしたファイルを編集します

まずhello-world-with-spinフォルダー内に、dockerフォルダーを作成します。

```
# hello-world-with-spinフォルダーで作業を行います
$ pwd
/somewhere/hello-world-with-spin

# dockerフォルダーを作成します
$ mkdir docker
```

hello-world-with-spinで利用しているspin.tomlは、**リスト8.2**のようになっています。

リスト 8.2 hello-world-with-spinで利用しているspin.toml

```
spin_manifest_version = 2

[application]
name = "hello-world-with-spin"
version = "0.1.0"
authors = ["Author Name"]
description = ""

[[trigger.http]]
route = "/hello"
component = "hello-world"

[component.hello-world]
source = "../hello-wasi-http/target/wasm32-wasip1/release/hello_wasi_http.wasm"

[[trigger.http]]
route = "/echo/..."
component = "echo"

[component.echo]
source = "echo/target/wasm32-wasip1/release/echo.wasm"
allowed_outbound_hosts = []
[component.echo.build]
command = "cargo build --target wasm32-wasip1 --release"
workdir = "echo"
watch = ["src/**/*.rs", "Cargo.toml"]

# 以下の内容を追記します
[[trigger.http]]
route = "/glitch"
component = "glitch"

[component.glitch]
source = "../glitch-art-api/composed/first-glitch-art-api.wasm"
```

上記のSpinアプリには3つのトリガーが設定されています。それぞれhello-world、echo、

glichのコンポーネントを起動します。これらのコンポーネントが利用するWasmファイルは、各コンポーネントのsource属性に設定されています。まとめると**表8.1**のようになります。なおWasmファイルのパスは、spin.tomlからの相対パスとなっています。

表8.1　コンポーネントと対応するWasmファイル

コンポーネント	Wasmファイル
hello-world	../hello-wasi-http/target/wasm32-wasip1/release/hello_wasi_http.wasm
echo	echo/target/wasm32-wasip1/release/echo.wasm
glitch	../glitch-art-api/composed/first-glitch-art-api.wasm

この3つのWasmファイルと、spin.tomlをdockerフォルダーにコピーします。

```
# hello-world-with-spinフォルダーで作業を行います
$ pwd
/somewhere/hello-world-with-spin

# hello-worldコンポーネントが利用するWasmファイルをコピーします
$ cp ../hello-wasi-http/target/wasm32-wasip1/release/hello_wasi_http.wasm ./docker

# echoコンポーネントが利用するWasmファイルをコピーします
$ cp echo/target/wasm32-wasip1/release/echo.wasm ./docker

# glitchコンポーネントが利用するWasmファイルをコピーします
$ cp ../glitch-art-api/composed/first-glitch-art-api.wasm ./docker

# spin.tomlをコピーします
$ cp spin.toml ./docker
```

コンポーネントがdockerフォルダー内のWasmファイルを利用するように、dockerフォルダーにコピーしたspin.tomlを編集します。編集後、docker/spin.tomlは**リスト8.3**のようになります。

リスト8.3　リスト8.2を編集

```
spin_manifest_version = 2

[application]
name = "hello-world-with-spin"
version = "0.1.0"
authors = ["Author Name"]
description = ""

[[trigger.http]]
```

```
route = "/hello"
component = "hello-world"

[component.hello-world]
source = "hello_wasi_http.wasm"

[[trigger.http]]
route = "/echo/..."
component = "echo"

[component.echo]
source = "echo.wasm"

[[trigger.http]]
route = "/glitch"
component = "glitch"

[component.glitch]
source = "first-glitch-art-api.wasm"
```

8.4.2 Dockerfileの作成

dockerフォルダーにDockerfileを作成します。作成するDockrefileは、**リスト8.4**のようになります。

リスト8.4 hello-world-with-spinのためのDockerfile

```
# ベースイメージを作成します
FROM scratch

# spin.tomlをコピーします
COPY spin.toml /spin.toml

# dockerフォルダーにある3つのWasmファイルを、spin.tomlと同じフォルダーに配置されるようにコンテナーイメージ
にコピーします
COPY echo.wasm /echo.wasm
COPY first-glitch-art-api.wasm /first-glitch-art-api.wasm
COPY hello_wasi_http.wasm /hello_wasi_http.wasm

# エントリーポイントには/spin.tomlを設定します
# 利用するSpinアプリを実行するための低レベルランタイム向けの設定です
ENTRYPOINT [ "/spin.toml" ]
```

後述しますが、作成されるコンテナーイメージの実行には`io.containerd.spin.v2`を利用します。これはSpinアプリを実行するためのランタイムで、`ENTRYPOINT`に指定された`spin.toml`

を解釈し、その設定に合わせてWasmコンポーネントを起動します。そのためENTRYPOINTには、Wasmファイルではなくspin.tomlを指定しています。

Spinアプリには複数のWasmコンポーネントを組み込めます。Spinアプリを起動するには組み込まれたすべてのWasmコンポーネントが必要で、spin.tomlに記述された場所にあるWasmファイルにアクセスできる必要があります。そのためコンテナーにWasmファイルをコピーする場合、spin.tomlの記述されている場所にWasmファイルをコピーします。

今回はすべてのWasmファイルがspin.tomlと同じフォルダーに配置されているようにspin.tomlを編集したため、spin.tomlが配置されている/にWasmファイルをコピーしています。仮にechoコンポーネントが次のように設定されていた場合、echo.wasmを/components/echo/echo.wasmにコピーする必要があります。

```
[component.echo]
source = "/components/echo/echo.wasm"
```

8.4.3 コンテナーイメージの作成

先ほど作成したdockerフォルダーに移動し、docker buildx buildコマンドを実行して、コンテナーイメージを作成します。下記の例では、イメージにhello-world-with-spinという名前を付けています。コマンドはDocker Desktopに統合されたターミナルで実行します。

```
$ docker buildx build --platform wasi/wasm -t hello-world-with-spin .
```

作成されたイメージは、Docker Desktopの“Images”で確認できます（**図8.13**）。

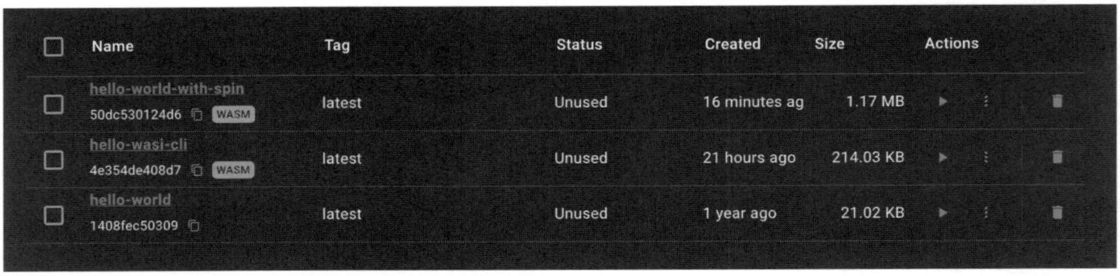

Name	Tag	Status	Created	Size	Actions
hello-world-with-spin 50dc530124d6 WASM	latest	Unused	16 minutes ag	1.17 MB	
hello-wasi-cli 4e354de408d7 WASM	latest	Unused	21 hours ago	214.03 KB	
hello-world 1408fec50309	latest	Unused	1 year ago	21.02 KB	

図8.13　作成されたhello-world-with-spinイメージ

8.4.4 コンテナーイメージの実行

docker runコマンドを利用して、作成したコンテナーイメージを実行します。実行する低レベルランタイムには、io.containerd.spin.v2を使用します。

```
# プラットフォームとランタイムに加えて、ポートの対応関係も指定しています
$ docker run --runtime=io.containerd.spin.v2 --platform=wasi/wasm  -p 3000:80 hello-world-with-spin

# 実行すると下記のメッセージが出力されます
Serving http://0.0.0.0:80
Available Routes:
  hello-world: http://0.0.0.0:80/hello
  echo: http://0.0.0.0:80/echo (wildcard)
  glitch: http://0.0.0.0:80/glitch
```

実行すると、Spinアプリが0.0.0.0:80を待ち受けているというメッセージが出力されますが、シェルやブラウザーからアクセスすることはできません（**図8.14**）。

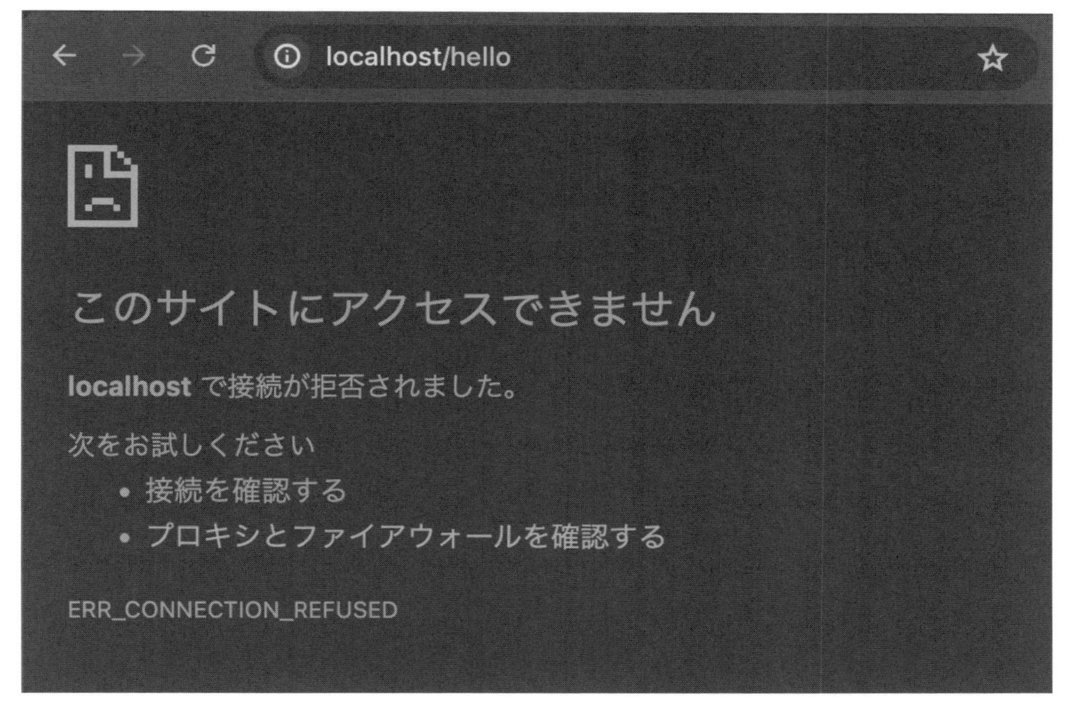

図8.14　Google Chromeでhttp:localhost:80/helloにアクセスした場合

コンテナーの中で起動されたSpinアプリケーションは、コンテナーを実行している環境とは切り離された環境（サンドボックス）で動作しています。サンドボックス内で動作しているサーバーサイドのアプリにアクセスするには、サンドボックス内のポート番号とコンテナーが実行している環境とで、ポート番号の対応づけが必要です。対応づけたポートへのアクセスを中継し、コンテナーランタイムがサンドボックス内のSpinアプリとの通信を可能にします。

上記の実行例では、`docker run`コマンドの`-p`オプションでポート番号の対応づけを行っています。上記の設定では、コンテナーランタイムは3000番ポートへのアクセスを、サンドボックスで動作するプログラムの80番ポートに転送します。つまり`hello-world`にアクセスするには、`http://localhost:3000/hello`にアクセスします（**図8.15**）。

localhost:3000/hello

Hello, world!

図8.15　コンテナーで動作するhello_wasi_http.wasm

同様にecho APIやグリッチアートを作成するAPIにも`localhost`の3000番ポートでアクセスします。

- echo API：`http://localhost:3000/echo`
- グリッチアート作成API：`http://localhost:3000/glitch`

この節のまとめです。

- `io.containerd.spin.v2`ランタイムを利用することで、Spinアプリをコンテナー上で実行できます
- `spin.toml`を`ENTRYPOINT`に指定して、`Dockerfile`を記述します
- Spinアプリに組み込まれているWasmファイルは、`spin.toml`に記述されているパスに

配置されるように、コンテナーイメージへコピーします

Spinアプリに組み込むことによって、wasi:http/proxyワールドを実装したWasmコンポーネントをコンテナー上で動作させることができました。節の冒頭に書いたとおりこれは一種のワークアラウンドで、コンテナーランタイムのサポートが進めばいずれ不要になると期待される作業です。

一方で、Spinはコンテナー環境への対応が一番進んでいるフレームワークの1つです。それは、この節で利用したio.containerd.spin.v2の存在にも表れているように思います。加えて、Kubernetes上にサーバーレス環境を構築するためのツール群SpinKube[注8.1]もあります。これを利用することでSpinアプリをKubernetes上で効率的に管理できるようになります。

Spinを必ず利用しなければならないというわけではありません。Spin以外にもWasmをコンテナーやサーバーサイドで利用するためのツールやソリューションは存在します。Spinはそれらの中の1つで、利用すると便利な局面もあるというように認識していただければ幸いです。

8.5　まとめ

この章ではWasmコンポーネントをコンテナー上で実行するための手順について、CLIアプリとサーバーサイドアプリの2つの場合について説明しました。より正確には、Wasmコンポーネントがwasm:cli/commandワールドを実装している場合と、wasm:http/proxyワールドを実装している場合について述べました。どちらの場合も、次の2つは共通しています。

- コンテナーイメージをベースイメージとして作成する点
- コンテナーイメージにWasmファイルをコピーする点

wasi:http/proxyを実装した場合には、Spinアプリに組み込む必要がありました。これは低レベルランタイムがwasi:cli/commandのみをサポートしているためです。HTTPサーバーの機

注8.1　https://www.spinkube.dev/

能を持つライブラリーを使って`wasi:http/incomming-handler`インターフェースを利用するプログラムを作成し、`wasi:http/proxy`を実装したWasmコンポーネントと合成するといったアプローチもありますが、手間が多いため、今回はSpinを利用しました。

この章で作成したコンテナーイメージは、OCIの定めたコンテナーイメージの仕様に従っています。そのため各種クラウドサービスなどのDocker Desktop以外の環境でも利用可能です。またDocker Hub[注8.2]やGitHub Container Registry[注8.3]のようなコンテナーレジストリーを通じてイメージの配布も行えます。

注8.2 https://hub.docker.com/
注8.3 https://ghcr.io/

索引

おわりに

この本で扱ったこと

この本ではWebAssemblyについてなんとなくわかったつもりになることを目的に、おもに次の2つを行いました。

- Rustで書かれたプログラムを、Wasmをターゲットにビルドしました
- Wasmファイルを利用するプログラムをRustで作成しました

Wasmはビルドターゲットであって、プログラムをビルドすることで作成できることを体験していただくのが前者の目的でした。また前者を通じて、以下の内容にも触れました。

- WITを利用したインターフェースの定義
- コード生成を利用したインターフェースの実装
- パッケージレジストリーへのパッケージ登録と、登録されたパッケージの利用
- WASIで定義されたシステムインターフェースの利用

WITで記述したインターフェース定義はプログラム的に処理することで、たとえばインターフェースに定義されているデータ構造のコードやインターフェースを実装するためのスケルトンコードを生成したり、Wasmコンポーネントを利用するプログラム向けのラッパーを生成したりできます。Rustでは`wit-bindgen`クレートを利用することで、前述したようなコード生成を行えます。`wasmtime`クレートや`cargo-component`も、内部では`wit-bindgen`クレートを利用しています。

WITパッケージやコンポーネントパッケージをレジストリーに登録することで、再利用がしやすくなります。また登録したパッケージを公開することで、作成したWasmコンポーネントを第三者に利用してもらえるようになります。

Wasmをプラグインのフォーマットとして利用する場合、WITパッケージをレジストリーで公開することは必須となっていくのではないでしょうか。ドキュメントを読み、その内容を理解して、記述されたインターフェースを間違いなく実装するということも引き続き行われるとは思いますが、同様に公開されたWITファイルから生成されたスケルトンコードを実装するというやり方は、よりWasmコンポーネントらしい開発方法のようにも思います。後者の手法が普及するには、WITファイルが簡単に入手できるようになることが必要でしょう。そのため

の手段としてパッケージレジストリーを利用するというのは、有力な選択肢のように感じています。

ビルドしたWasmファイルを利用するというテーマでは、次の内容に触れました。

- `wasmtime`クレートを使ったWasmコンポーネントの利用
- Wasmコンポーネントの合成
- WasmコンポーネントのSpinアプリケーションへの組み込み
- Wasmコンポーネントを実行するOCIコンテナーイメージの作成と、その利用

コンポーネントの合成は、複数のWasmコンポーネントをまとめて1つのWasmコンポーネントとする手法です。合成によって、たとえばインターフェースを定義したうえで個別に作成したWasmコンポーネントをまとめて納品するといったことや、ある程度まで依存関係を解決したWasmコンポーネントを提供することでライブラリーとして利用しやすくする、といったユースケースが考えられます。また合成によって複数のWasmファイルを1つにまとめられるので、テスト環境や本番環境への配置が簡単になるというようなことも期待できます。

この本で扱わなかったこと

この本で扱わなかったことはいくつもありますが、代表的なものには次があるでしょう。

- Wasmの命令セット
- バイナリーフォーマット
- Wasm処理系
- WasmのWebサイトへの組み込み

Wasmの仕様は仮想マシンとその命令セットを定めています。命令セットを詳細に見て、たとえば次のコードがどのようにWasmで表現されるか、といったテーマは扱いませんでした。

```
pub fn is_even(value: i32) -> bool {
    value %2 == 0
}
```

なお手元の環境でビルドすると、上記のコードは次のようなWasmのコードになりました。コード中の`local.get`や`i32.and`がWasmの命令です。

```
(func $is_even (;11;) (type 3) (param i32) (result i32)
  local.get 0
  i32.const 1
  i32.and
  i32.eqz
)

(export "is_even" (func $is_even))
```

スレッドやSIMD、ガーベージコレクション、例外ハンドリングといった、仮想マシンに機能を追加する仕様が標準化されるたびに命令セットに命令が追加されます。出力されるWasmファイルは、ビルド時に設定する最適化オプションや有効にする機能などの設定、ビルドツールによって異なります。

命令セットについての網羅的な説明が必要ならば、仕様書を参照されると良いでしょう。仕様書はhttps://webassembly.org/specs/に公開されています。Executionの章（https://webassembly.github.io/spec/core/exec/index.html）では、Wasmの形式的な意味論が定義されています。この章は仮想マシンの振る舞いを数学的に理解する助けになるように感じています。また仕様策定のプロセスには、参照実装にコードを追加することが含まれています。数学的な定義ではなく、実装から仮想マシンの振る舞いを理解されたい方には、参照実装であるインタープリター（https://github.com/WebAssembly/spec/tree/main/interpreter）のソースコードが理解の助けになるかと思います。

本書で利用したWasmtime以外にも、さまざまな処理系が実装、利用されています。下記は代表的な処理系です。

- WasmEdge
- WebAssembly Micro Runtime（WAMR）
- V8、JavaScriptCore、SpiderMonkey

これらの処理系はそれぞれ用途が異なります。たとえばWAMRは組み込み機器での利用が意図されていますが、V8などはWebブラウザーに組み込まれた処理系です。そのためWasmを実行する戦略も異なります。代表的な戦略を以下に挙げます。なお、これらを組み合わせたものも存在します。

- インタープリターとして実行するもの
- Just In Time（JIT）コンパイルを行うもの

- Ahead of Time（AoT）コンパイルを行うもの

上記の戦略はWasmに特有のものではありません。詳細については、インタープリターや処理系に関する実装を扱う専門書を参照されると良いでしょう。

WasmのWebサイトへの組み込みについても、本書では扱いませんでした。処理系が持つガーベージコレクションの機能を利用する方法や、Web Workersを利用したoff the main thread処理と非同期処理、Document Object Model（DOM）ツリーに代表されるWebブラウザーの持つリソースへのアクセス方法など、さまざまなテーマが存在します。これらについては、web.dev（https://web.dev/explore/webassembly）やmdn web docs（https://developer.mozilla.org/docs/WebAssembly）を参照してください。

まとめに代えて

「なぜテキスト形式を用意したのか？」

と、以前Wasmの仕様策定者の1人に聞いたことがあります。それに対する答えは、

「ソースコードをテキストで読めるのがWebだから」

というある意味シンプルなものでした。「当然でしょ？　なぜ疑問に思うの？」という雰囲気すら漂わせながら回答されたことで、当時の筆者はよくわからないながらも納得したことを記憶しています。今振り返ると、「Web技術の1つとしてWasmを定義するのだ」という強い価値観に基づく回答だったように思います。

Webブラウザーの上で動作するバイナリーフォーマットとしての利用例は静かに、着実に増えてきています。我々がよく利用するサービスも、よく観察するとWasmを利用している部分があったということも珍しくなくなってきました。たとえばビデオ通話の背景をぼかしたり差し替えたりする処理に、Wasmを利用した実装が使われていることが多いように思います。また、Unityに代表されるゲームエンジンを使ったゲーム作成コンテストでは、参加者が作成したゲームをWasmにビルドしてWebページ上で遊べるようにすることが普通になっているように感じます。これは多くの人にたくさんのゲームを遊んでもらわなければならないというコンテストの特性を考えると、とても良い選択のように思います。

このようにWeb技術として開発されたWasmについて説明するならば、Webでの利用について扱うべきなのかもしれません。本書でそれについて触れなかった理由はいくつかありますが、最も大きな理由はコンポーネントモデルをサポートする主要なブラウザーが執筆時点では

存在しないためでした。本文中でも扱ったようにトランスパイルをすればWasmコンポーネントを利用するWebページは作成できますし、コンポーネントモデルの持つ特徴がトランスパイルを可能にしています。ただしこのことを実感するためには、さまざまな事柄をふまえる必要があるようにも思います。つまり単純にやることが多くなってしまい、学習を妨げてしまうようにも思われました。そのため、Webの利用について述べることは避けました。

コンポーネントモデルはWasmを大きく扱いやすくしているように思います。利用するWasmファイルひとつひとつに対して、作成者が期待するデータ表現や呼び出し規則を理解しつつラッパーコードを書くというのは、なかなか骨が折れる作業でした。このような本を書いている筆者にとってさえ面倒で、できるならやりたくないことでした。そのような作業を自動化できるということだけでも、コンポーネントモデルはWasmを利用した開発の体験を大きく向上させました。

合成もWasmファイルの取り扱いをグッと楽にしました。動的に依存関係を解決する必要はまったくないのだけれど、2つのWasmファイルをまとめる方法がなかったため、しかたなく動的に依存関係を解決するコードを書かなければならないという場面も多々ありました。Wasmコンポーネントを合成できるようになったおかげで、しかたなく書いていたコードは不要になり、メンテナンスや配置の手間も減りました。

コンポーネントモデルが開発体験を大きく向上させたように、今後もさまざまな仕様やツールが開発体験を向上させていくでしょう。たとえば、コンパイラーの対応が進んだ結果、本書で利用した`cargo-component`は不要になるときが来るかもしれません。そのとき、本書で扱った内容はツールや仕様によって隠されて不要になっているかもしれません。Wasmそのものの存在を意識する必要がなくなったときが、本当に良い開発体験が実現されたときなのかもしれません。それまでの間、本書が誰かの役に立てれば幸いです。

著者プロフィール

清水 智公（しみず のりただ）　WebAssembly Night / Rust.Tokyo

WebAssemblyに関する技術コミュニティ「WebAssembly Night」を2016年より主催。年に数回、オフラインイベントを開催している。また、プログラミング言語Rustの技術カンファレンスである「Rust.Tokyo」の運営も務める。おもにフロントエンドプログラムの開発者体験に対する興味を持つ。趣味はサッカー観戦と読書。X：@chikoski

カバーデザイン　トップスタジオデザイン室（轟木 亜紀子）
本文設計　マップス　石田 昌治
組版　Green Cherry　山本 宗宏
編集　中田 瑛人

■お問い合わせについて

本書の内容に関するご質問につきましては、下記の宛先までFAXまたは書面にてお送りいただくか、弊社ホームページの該当書籍コーナーからお願いいたします。お電話によるご質問、および本書に記載されている内容以外のご質問には、いっさいお答えできません。あらかじめご了承ください。

また、ご質問の際には「書籍名」と「該当ページ番号」、「お客様のパソコンなどの動作環境」、「お名前とご連絡先」を明記してください。

お問い合わせ先
〒162-0846　東京都新宿区市谷左内町21-13
株式会社技術評論社　第5編集部
「Rustで学ぶWebAssembly——入門からコンポーネントモデルによる開発まで」質問係
FAX：03-3513-6173

● 技術評論社Webサイト
https://gihyo.jp/book/2024/978-4-297-14413-5

お送りいただきましたご質問には、できる限り迅速にお答えするよう努力しておりますが、ご質問の内容によってはお答えするまでに、お時間をいただくこともございます。回答の期日をご指定いただいても、ご希望にお応えできかねる場合もありますので、あらかじめご了承ください。

なお、ご質問の際に記載いただいた個人情報は質問の返答以外の目的には使用いたしません。また、質問の返答後は速やかに破棄させていただきます。

Rust（ラスト）で学（まな）ぶWebAssembly（ウェブアセンブリー）
——入門（にゅうもん）からコンポーネントモデルによる開発（かいはつ）まで

2024年10月23日　初版　第1刷発行

著　者　清水（しみず） 智公（のりただ）
発行者　片岡 巌
発行所　株式会社技術評論社
東京都新宿区市谷左内町21-13
電話　03-3513-6150　販売促進部
03-3513-6177　第5編集部
印刷／製本　昭和情報プロセス株式会社

ISBN978-4-297-14413-5　C3055
Printed in Japan